DAS **LASTWAGEN** ALBUM *Büssing*

Bernd Regenberg

DAS **LASTWAGEN** ALBUM

Büssing

PODSZUN

Vorwort

Fast siebzig Jahre umfaßt die Geschichte der Lastwagenproduktion bei der Firma Büssing. Während dieser Zeit wurde eine Vielzahl von Modellen hergestellt, die zum größten Teil nur in wenigen Exemplaren an Kunden ausgeliefert wurden. Allein in den ersten zwanzig Jahren des Bestehens wurden mehr als 300 verschiedene Typen angeboten. Es ist daher kaum möglich, alle jemals gebauten Fahrzeuge in Bild und Text zu berücksichtigen. Oft wurde für einen einzelnen Abnehmer ein auf seine speziellen Bedürfnisse zugeschnittener Lastwagen konstruiert, der in dieser Ausführung nicht ein zweites Mal auf die Straße kam. Selbst nach Einführung der Fließbandproduktion, die eigentlich von genormten und weitgehend identischen Fahrzeugen ausgeht, ließen sich viele Kunden noch ihre speziellen Fahrzeuge bei Büssing maßschneidern. In diesem Buch kann daher nur ein Überblick über die technische Vielfalt der Produkte aus Braunschweig gegeben werden. Die Omnibusproduktion bei Büssing, die anfangs auf Lastwagenkonstruktionen basierte, sich aber relativ früh eigenständig weiterentwickelte, mußte in diesem Werk unberücksichtigt bleiben, da sie allein den Platzumfang sprengen würde.

Bei der Auswahl des Bildmaterials wurde weitestgehend darauf verzichtet, bereits in den anderen Büchern desselben Autors verwendete Fotos nochmals zu wiederholen. Weitere Bilder von Büssing-Lastwagen mit anderen Aufbauvarianten oder mit speziellen Firmenbeschriftungen findet man daher in den Büchern "Die deutschen Lastwagen der Wirtschaftswunderzeit, Band 2" , "Die deutschen Lastwagen der sechziger Jahre, Band 1" und "Die berühmtesten deutschen Lastwagen" (alle erschienen im Podszun-Verlag, Brilon). In diesen Bänden gibt es zu den einzelnen Modellreihen der Nachkriegszeit auch noch ausführlichere Datentabellen.

Bei der Zusammenstellung der technischen Daten wurden die vom Werk serienmäßig in Prospekten und Spezifikationen angebotenen Versionen zugrundegelegt. Es ist nicht auszuschließen, daß bei einem Fahrzeugtyp auch andere Komponenten, u.a. im Motoren- und Getriebebereich, geliefert wurden. Die angegebenen Fakten basieren in der Regel auf Werksveröffentlichungen (Prospekten, Typenblättern und Angebotsschreiben) und auf zeitgenössischen Testberichten und Neuheitenvorstellungen. In der ersten Hälfte unseres Jahrhunderts waren diese jedoch nicht immer sehr exakt in ihrem Wahrheitsgehalt. Es wurden oft ältere Bilder mit neuen Unterschriften versehen, so daß sich leicht Fehlinformationen einschleichen konnten. Auch in den Werksprospekten beschränkte man sich oft auf ein Retuschieren eines bereits vorhandenen Fotos, so daß nur die optisch ins Auge fallenden Merkmale berücksichtigt wurden, Detailänderungen jedoch übergangen wurden.

Aufgrund der nicht immer zuverlässigen und sich teilweise widersprechenden Materiallage könnten eventuell Unvollständigkeiten oder Unrichtigkeiten aufgetreten sein. Sollte dies der Fall sein, bittet der Autor um Ergänzung oder Richtigstellung.

Im September 1994

Bernd Regenberg

Schlingenkamp 1, 45721 Haltern

Verlag Walter Podszun
Bahnhofstraße 9, D-59929 Brilon
Herstellung Druckhaus Cramer, Greven
ISBN 3-86133-119-5

Heinrich Büssing

Vom Schmiedegesellen zum Unternehmer

In dem kleinen Dörfchen Nordsteimke bei Fallersleben, heute als Vorort in die Volkswagenstadt Wolfsburg eingemeindet, erblickt am 29. Juni 1843 Heinrich Büssing das Licht der Welt, einer Welt, die geprägt ist vom Umbruch, von der Umstellung von der handwerklichen Einzelanfertigung individueller Güter hin zu der industriellen Massenproduktion. Im Spannungsfeld dieser Pole vollzieht sich das Leben von Heinrich Büssing. Der Vater betreibt in dem Dorf eine Schmiede und erwartet, daß Heinrich auch in seine Fußstapfen treten werde. So absolviert der Knabe nach seiner Schulzeit in der einklassigen Dorfschule eine Schmiedelehre in der väterlichen Werkstatt. Wie die meisten Handwerksburschen seiner Zeit zieht es ihn nach Abschluß der Ausbildung aus der Enge des dörflichen Lebens hinaus in die Welt. Die große Welt liegt für den jungen Mann schon in Braunschweig beim herzöglichen Hofschmiedemeister, bei dem Büssing bis zum achtzehnten Lebensjahr arbeitet.

Die eigentliche Wanderschaft beginnt der nun Achtzehnjährige im Juli 1861. In Hannover, Bremen, Berlin und Chemnitz bekommt Heinrich Büssing seine ersten Kontakte mit dem Maschinenbau. Der junge Handwerker ist fasziniert von den imposanten Konstruktionen der Dampfmaschinen,

die das Leben der arbeitenden Menschen in rasendem Takt verändern. Er interessiert sich für die neuen Verkehrsmittel und die kühnen Verkehrsbauwerke, die den Lebensnerv der fortschreitenden Industrialisierung bilden. Dresden, Leipzig, Nürnberg, München und Basel sind die weiteren im Wanderbuch aufgeführten Stationen. Es liest sich wie ein Reiseführer zu den technischen Sehenswürdigkeiten der damaligen Zeit. Doch schnell erkennt der Schmiedegeselle, daß der Schlüssel zum Erfolg in dieser sich entwickelnden Welt "Bildung" heißt. Ohne eine fundierte technische Vorbildung bleiben die Türen der großen Industrieunternehmen verschlossen. So bricht Büssing bereits nach etwas mehr als einem Jahr die Wanderschaft ab.

Der Vater ist hocherfreut, als Heinrich im Dezember 1862 nach Nordsteimke zurückkehrt. Umso enttäuschter ist er, als er erfährt, daß dieser nicht beabsichtigt, die heimatliche Schmiede zu übernehmen. Vielmehr will der Neunzehnjährige ein Studium an dem angesehenen Collegium Carolinum in Braunschweig aufnehmen. Und wieder muß der junge Mann feststellen, daß seine Dorfschulausbildung ihm überall Grenzen setzt. Nur als Gasthörer wird er zugelassen. Trotz intensiver Teilnahme an Vorlesungen und Seminaren bleibt ihm damit auch die begehrte Abschlußprüfung und damit der Schlüssel zu einer Karriere in einem renommierten Großunternehmen versagt.

Doch Heinrich Büssing läßt sich nicht entmutigen. Sein im Studium erworbenes technisches Wissen, seine handwerkliche Praxis und eine gehörige Portion Wagemut lassen ihn den Entschluß fassen, sich in Braunschweig als selbständiger Unternehmer niederzulassen. Seine "Velocipeden-Fabrik", wie er sein Unternehmen in Anzeigen nennt, residiert in einer winzigen Werkstatt an der Wolfenbütteler Straße.

Dort stellt er zwei- und dreirädrige Fahrräder her, im Stil den alten Laufrädern gleichend, doch mit einer Tretkurbel am Vorderrad. Sinn für frühes Marketing zeigt er, als er sich, zusammen mit zwei Mitarbeitern am Lenker eines seiner Dreirad-Velocipeden sitzend, von einem professionellen Fotografen ablichten läßt.

Da die finanzielle Basis zur Ausweitung der Produktion und einer rationelleren Fertigung in größeren Räumlichkeiten fehlt, schließt Büssing seine "Fabrik" im Frühjahr 1870. Im Juni desselben Jahr taucht er in Zeitungsinseraten als "Maschinenbauanstalt" auf. Die Produktionsrichtung ist nicht festgelegt. Büssing bietet Reparaturen und technische Lösungen aller Art im "Maschinenfach", der finanzielle Erfolg bleibt jedoch aus. Als Retter in der Not erscheint ein junger Eisenbahntechniker namens Ungnade. Doch auch dessen in die Firma eingebrachtes kleines Vermögen ist bald aufgezehrt, und der Konkurs erscheint unabwendbar.

Heinrich Büssing auf einem Velociped aus eigener Produktion

Buchstäblich in letzter Minute kommt Heinrich Büssing in Kontakt mit dem jüdischen Kaufmann Samuel Jüdel. Dieser sucht für seinen Sohn Max eine finanziell lohnende Beteiligung im Industriebereich. Die konstruktive Kreativität Büssings und die Jüdelschen Geldmittel paaren sich in der im März 1873 gegründeten Firma Jüdel & Co zu einem erfolgreichen Ganzen. Büssing entwickelt für die Eisenbahnsignal-Bauanstalt über 90 Patente und bringt so der Firma beachtliche Umsätze.

Im Alter von 60 Jahren hat Heinrich Büssing ein beträchtliches Vermögen angehäuft und könnte sich damit in einen angenehmen Ruhestand zurückziehen.

1902

Die "Graue Katze"

Und wieder ist die Wolfenbütteler Straße in Braunschweig die Keimzelle zu einer neuen Büssingschen Aktivität. In einer ehemaligen Wäscherei entwickelt Büssing mit fünf Helfern sein erstes motorgetriebenes Straßenfahrzeug. Bereits 16 Jahre sind seit der Erfindung des Automobils vergangen. Hauptsächlich wird der Motorwagen jedoch zum Transport einzelner Personen genutzt. Der pragmatisch denkende Techniker und Unternehmer Büssing sieht die Bedeutung des neuen Verkehrsmittel allerdings in seiner Funktion als Träger von Lasten aller Art. Er weiß aus seiner Eisenbahnpraxis, daß die Bahn nicht immer ausreichend flexibel sein kann, da sie an die vorgegebenen Schienenstränge gebunden ist. Der Weg von der Bahnstation zum Endverbraucher führt immer noch über Pferdekarren aus vorindustriellen Zeiten. Diese Techniklücke in der Versorgungskette will Büssing schließen und konstruiert bewußt einen "Nutzwagen", eine Entscheidung mit Zukunftsbedeutung, denn als einziger bedeutender Automobilhersteller der Welt hat die Lastwagenmarke Büssing auch später nie einen Ausflug in den Personenwagenbereich unternommen, sondern sich stets auf das angestammte Feld der Nutzfahrzeuge konzentriert.

"Graue Katze" nennt Büssing seinen Prototyp, eine vierrädrige Fahrmaschine mit Riemenantrieb auf die Hinterachse. Der Motor ist quer eingebaut und treibt mittels Kette eine Riemenscheibe. Auf dieser sitzt die über Fußpedal betätigte Reibungskupplung. Durch Einzelsegmente läßt sich der Durchmesser der Riemenscheibe verändern, ebenso der Durchmesser der Scheibe an der Hinterachse. Die Verbindung zwischen beiden stellt ein Lederriemen dar. Die Fahrgeschwindigkeit wird durch Veränderung der Scheibendurchmesser geregelt. In der Ebene kann der Prototyp Geschwindigkeiten bis zu 50 km/h erreichen. Mit aufgesetztem Wagenkasten können sieben bis neun Personen befördert werden. Trotz vielfacher konstruktiver Änderungen, u.a. Einbau eines Differentialausgleichs, ist Büssing mit der "Grauen Katze" nicht zufrieden. Vor allem erkennt der Praktiker, daß der Riemenantrieb für ein Nutzfahrzeug nicht geeignet ist, daß also eine komplett andere Konstruktion notwendig ist.

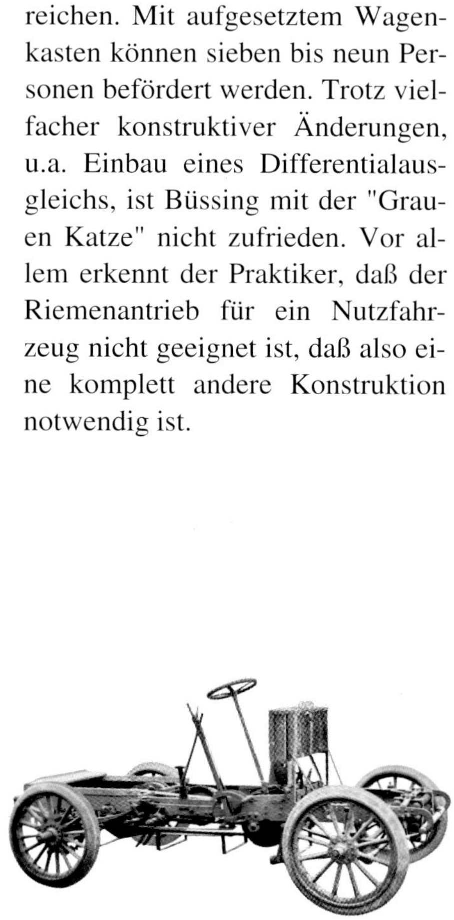

"Graue Katze" von 1902

1903

Der erste Büssing-Lastwagen

Heinrich Büssing - vorsichtigerweise noch immer bei Jüdel & Co beschäftigt - wagt im Frühjahr 1903 den entscheidenden Schritt nach vorn. Am 17. April 1903 meldet er in Braunschweig ein Gewerbe zur "Fabrikation von Verbrennungsmotoren und Kraftwagen" an. Ein eigenes Grundstück an der Elmstraße mitsamt den Gebäuden einer ehemaligen Wäscherei steht zur Verfügung. Ein Oberingenieur, ein Werkmeister, 10 Gehilfen und eine Anzahl von Arbeitern und Technikern stehen im Lohn der neuen Firma. Auch die beiden Söhne Büssings, Max und Ernst, werden mit verplant.

Im September 1903 steht der erste Lastwagen auf den Rädern. Vom anfälligen Riemenantrieb hat sich Büssing verabschiedet. Ketten übertragen die Kraft der Zweizylindermaschine auf die Hinterachse. Abweichend von bisher üblichen Konstruktionen ordnet Büssing die Ventile hängend im Zylinderkopf an und läßt sie durch eine obenliegende Nockenwelle steuern - ein Prinzip, dem die Braunschweiger Firma lange Zeit treu bleibt. Der Rahmen besteht aus U-Eisen-Trägern mit versteifenden Unterzügen. Um zu verbergen, daß die Firma erst absoluter Neuling im Geschäft ist, erhält der Wagen die Fabriknummer 10.

9 PS Leistung reichen, um mit 60 Zentnern Last auf die Versuchsstrecken in den Harz aufzubrechen. Tägliche Belastungsproben auf steigungsreichen Bergstraßen und bremsenmordenden Gefällstrecken testen das Fahrzeug bis zum Äußersten, und Büssing montiert, demontiert und verbessert ständig. Obwohl bereits Interesse von heimischen Firmen für den Lastwagen vorliegt, weigert sich Büssing standhaft, das Fahrzeug zu verkaufen, bevor es auf Herz und Nieren geprüft ist. Ein aus Tagen der Ar-

Erster Büssing-Lastwagen von 1903, der später - eingesetzt im internen Werksverkehr - von der ursprünglichen Eisen- auf Gummibereifung umgestellt wurde

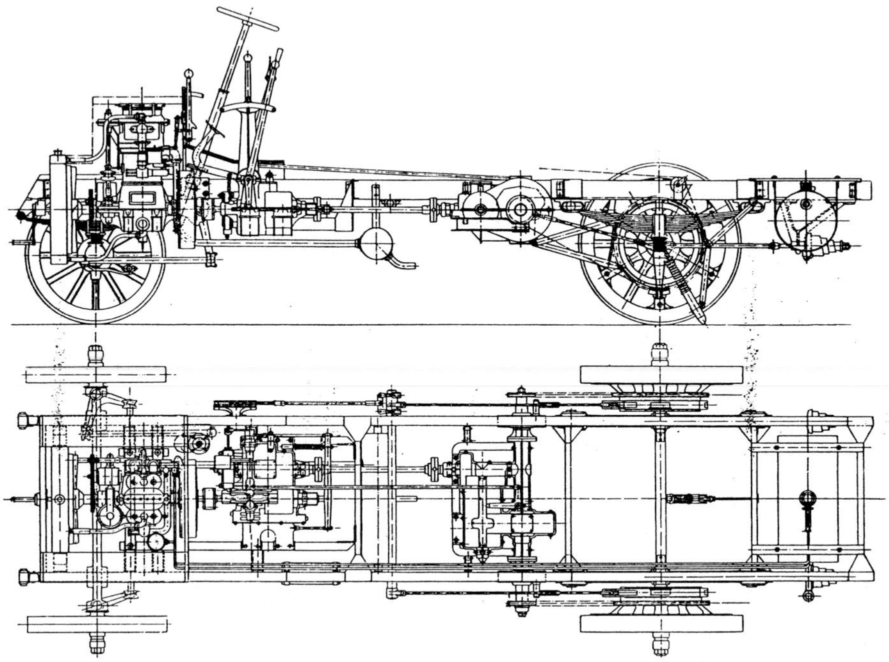

Maßzeichnung ZU 550 (1903)

1904 bricht der erste Büssing-Automobilomnibus girlandenbekränzt zur Jungfernfahrt von Braunschweig nach Wendeburg auf. Für zwölf Personen ist der geschlossene Wagenkasten vorgesehen, der Fahrer hingegen muß mit einem offenen Kutschbock vorliebnehmen. Und wiederum bleibt Büssing seiner Maxime treu, kein ungeprüftes Fahrzeug in Kundenhand zu geben.

ZU 550 (1903)

Motor	Typ 13052 Ottomotor
Zylinder	2
Leistung PS	9
max. Drehzahl U/min	850
Hubraum ccm	2370
Bohrung mm	105
Hub mm	130
Getriebe	3-Gang-Schubrad
	Rollenketten zur Hinterachse
Radstand mm	3300
Nutzlast t ca.	3

beit bei der Signalbauanstalt - noch ist Büssing dort im Aufsichtsrat - gut gefülltes Finanzpolster zwingt ihn nicht, wie andere Konstrukteure seiner Zeit unausgegorene Konstruktionen in Kundenhand zu geben und damit den Käufer als "Versuchskaninchen" zu mißbrauchen. Als kluger Unternehmer weiß Büssing, daß ein einmal ramponierter Ruf schlecht wieder auszubügeln ist. Im Gegensatz zu anderen Automobilherstellern, die mit Personenwagen für betuchte Abnehmer schnell zu Geld für neue Experimente kommen wollen, beschränkt sich Büssing konsequent auf den Nutzfahrzeugbereich, was auch im Namen der 1903 eingetragenen Firma zum Ausdruck kommt: "H. Büssing, Spezialfabrik für Motorlastwagen und Motor-Omnibusse".

Am Ende des Jahres 1903 wird der erste Büssing-Wagen komplett auseinandergenommen und alle Verschleißpunkte eingehend untersucht. Auch der am 19. Februar 1904 in Betrieb genommene zweite Lastwagen geht nicht in fremde Hände, sondern wird bei der Firma Max Jüdel & Co im Alltagsbetrieb getestet. Während dieser noch einen Zweizylindermotor besitzt, stattet Büssing das erste Omnibusfahrgestell mit einem 20 PS leistenden Vierzylinder aus. Am 3. Juni

Heinrich Büssing übernimmt die Konzession eines ehemaligen Pferdefuhrwerks-Unternehmens und gründet einen eigenen Linienverkehr für Motoromnibusse. Es stellt sich im Nachhinein heraus, daß die Vorsicht unbegründet war, denn der erste Büssing-Bus läuft ohne große Probleme bis zum Aus-

Nach gründlicher Restaurierung übergibt die Firma Büssing 1967 ihren ersten Lastwagen als Ausstellungsobjekt an das Deutsche Museum in München

Brauereiwagen von 1904

bruch des ersten Weltkrieges im regulären Linienbetrieb. Selbst die automobilfeindlichen Behörden lassen sich von der Zuverlässigkeit des neuen Verkehrsmittels überzeugen und übertragen die reguläre Postbeförderung auf der 15 km langen Strecke der "Automobil-Omnibus-Betriebs-Gesellschaft H. Büssing".

Erst jetzt wagt es Büssing, ein Fahrzeug seines Namens einem Fremden zu verkaufen, jedoch bleibt dieses nicht in den heimatlichen Gefilden, sondern tritt die Seereise nach England an. Am 10. August 1904 erhält die Londoner Busgesellschaft den ersten Büssing-Omnibus. Der Wagen bewährt sich so gut, daß in der Folgezeit etwa 400 Busfahrgestelle in die britische Hauptstadt geliefert werden.

Der Vierzylindermotor mit 130 mm Hub, der im Prinzip eine Vereinigung von zwei Zweizylinderblöcken der ursprünglichen Konstruktion darstellt, wird im Laufe der Zeit durch Aufbohrungen von 105 mm über 108 mm bis auf 120 mm Bohrung vergrößert, wodurch die Leistung von anfänglich 20 PS über 25 PS bis auf 32 PS ansteigt. 1909 wird im Rahmen einer grundlegenden Überarbeitung der Kompressionsraum günstiger gestaltet, indem der Zylinderkopf dachförmig ausgeführt wird. Mit 130 mm Hub und 130 mm Bohrung leistet die Maschine 40 PS bei 850 Umdrehungen. Die Ventile mit besonderen auswechselbaren Ventileinsätzen sind schräg im Zylinder angeordnet. Ein Hochspannungsmagnet gibt den Strom an die Zündkerzen. Die ursprüngliche Frischölschmierung wird bald zugunsten einer Zahnradpumpe für Hochdruckschmierung aufgegeben. Eine neue Motorkonstruktion entsteht ebenfalls 1909 dadurch, daß die bislang obenliegende Nockenwelle nach unten verlegt wird, so daß die Ventile mitten in den Zylindern hängen. So kann der Zylinderkopf gleichmäßig geformt werden. Diese Motorkonzeption wird mit 140 mm Hub und 32/35 PS und mit 155 mm Hub mit 36/38 PS gebaut. Bei beiden Version ist die Bohrung mit 115 mm gleich. Ähnlich im konstruktiven Aufbau ist ein 55 PS-Motor mit 160 mm Hub und 132 mm Bohrung, der während des Krieges - durch ein weiteres Zylinderpaar zum Sechszylinder ergänzt - für Spezialfahrzeuge wie Artillerieschlepper und Munitionstransporter verwendet wird.

1905 bietet Büssing eine Differentialsperre, denn die eisenbereiften Antriebsräder neigen bei schmieriger Landstraße oder in den Städten auf dem vorherrschenden Kopfsteinpflaster zum einseitigen Durchdrehen und damit zum Verlust jeglicher Traktion. Während bei den ersten Lastwagen das Dreigang-Zahnradgetriebe über eine Kettenbrücke mit einem zweiten

Schwerer Faßbierwagen von 1906 mit Zwillingsbereifung an der Hinterachse bei einer schwedischen Brauerei

Werbeanzeige von 1911

zweigängigen Schaltungskasten verbunden ist und somit sechs Wahlvarianten zur Verfügung stehen, wird ab 1906 serienmäßig ein Viergang-Schaltgetriebe eingebaut.

Büssing erkennt sehr bald, daß die eisenbereiften Räder den möglichen Höchstgeschwindigkeiten der Nutzfahrzeuge Grenzen setzen und vor allem nicht dem Komfortanspruch der Buspassagiere genügen. So konstruiert er ein Rad mit vielen einzelnen Gummiklötzen auf einer eisernen Grundfelge. Die konisch abgeschrägten Klötze werden von T-förmig ausgeführten eisernen Zwischenstücken gehalten. Später läßt Büssing die Eisenstücke fort und stellt die Gummiklötze quer. Durch die Weiterentwicklung der Vollgummibereifung werden die Versuche von Büssing hinfällig, und er wendet sich der Vervollkommnung der Wintertauglichkeit dieser Produkte zu. Um das Durchrutschen der glatten Profile auf gleitendem Untergrund zu vermeiden, umlegt Büssing die Räder mit einer Anzahl von quer gespannten kleinen Ketten, die innen an der Felge auf Stiften befestigt werden. Dieses Gleitkettensystem bewährt sich so gut, daß die Heeresverwaltung später die Verwendung der Büssingschen Kettenstifte für alle von ihr subventionierten Lastwagen-Beschaffungen vorschreibt.

Eisenbereifter Subventionswagen mit Kettenantrieb von 1908

Schwerer 5-Tonner Typ V von 1912 beim Transport von Feldbahnlokomotiven

1908

Subventionslastzüge und Heeresmotorisierung

Wie häufig im Verlauf der Menschheitsgeschichte zu erkennen, ist der Krieg der Vater vieler Erfindungen. Nichts fördert die menschliche Intelligenz so wie das Streben, sich aus nationalen Interessen gegenseitig umzubringen. So sind auch die Aufrüstungsbestrebungen im Vorfeld des Ersten Weltkrieges ein wichtiger Schritt nach vorn für die junge Lastwagenfirma Büssing. Bereits im Jahre 1907 stellt Büssing erstmals einen 3 Tonner-Lastwagen für ein kaiserliches Herbstmanöver zur Verfügung. Im Gegensatz zu zivilen Behörden steht die deutsche Heeresverwaltung dem Kraftwagen aufgeschlossen gegenüber. Man erkennt, daß der Einsatz motorisierter Fahrzeuge das Kriegsgeschehen entscheidend revolutionieren kann. Da die staatlichen Mittel jedoch nicht ausreichen, um einen kriegstauglichen Fuhrpark an Lastwagen aufzubauen, Privatunternehmer hingegen die Anschaffung eines in ihren Augen noch unzuverlässigen Verkehrsmittel noch scheuen, greift die Heeresverwaltung zum Mittel der Subventionierung von Lastwagenkäufen durch Privatfirmen. Damit diese Fahrzeuge aber als "heerestüchtig" anerkannt werden können, kommen nur die Produkte von sechs deutschen Herstellern in Be-

Erster Subventionswagen für Bayern, geliefert 1908 an die Kraftfahrabteilung München des Königlich-Bayerischen Eisenbahn-Bataillons

tracht, die nach ausführlicher Erprobung für geeignet empfunden werden. Es sind dies die Firmen Daimler, Benz, NAG, Mulag, Stoewer und Büssing. Von den 166 im Jahre 1908 ausgelieferten Subventions-Lastzügen stammen 50 Einheiten aus Braunschweig. Für die Subventionierung kommen 3,5- bzw. 4,5 Tonner-Motorwagen mit Leistungen zwischen 35 und 40 PS in Frage, kombiniert mit standardisiertem 2 Tonner-Anhänger.

Neben dieser indirekten Förderung bestellt die Heeresverwaltung bei der Firma Büssing sechs Armee-Lastzüge zur intensiven Erprobung im Truppeneinsatz. Des weiteren kommt ein Auftrag über einen benzin-elektrischen Lastzug. Zwei Büssing-Motoren mit 50/60 PS im Maschinenwagen treiben in diesem den Stromerzeuger an. Dem Beispiel des preußischen Kriegsministeriums folgen viele andere Militärbehörden und bringen eine Vielzahl von Aufträgen in die Bücher der Firma Büssing. Durch eine Reihe von An- und Neubauten wird die Braunschweiger Werksanlage zu einer der größten Lastwagenproduktionsstätten Europas.

Da einige Staaten die Subventionierung von heerestüchtigen Lastwagen an eine heimische Fertigung koppeln, vergibt Büssing Lizenzen für die Produktion von Büssing-Lastwagen an andere Firmen. Auf Wunsch der Bayerischen Heeresverwaltung wird 1909 eine Lastwagenfabrikation nach Büssing-Lizenz bei der Waggonfabrik Joseph Rathgeber AG in Mosach bei München aufgenommen. Die Lizenz für den Raum der k.u.k. Monarchie spendiert Heinrich Büssing seinem Schwiegersohn Anton Fross abga-

Subventionswagen von 1911 mit Hinterkipper

benfrei als Mitgift nach Heirat mit Büssings Tochter Hedwig. Fortan werden Büssing-Lastwagen auch in Österreich bei der Firma A. Fross (Stephan von Goetz & Söhne) in Wien hergestellt. Dadurch entfallen 44 Prozent der österreichischen Subventionen auf Büssing-Konstruktionen. 1912 erfolgt eine Lizenzvergabe an die ungarische Maschinenfabrik Ganz & Co in Budapest. Die Fabrikationsrechte für die Omnibusse der Londoner Verkehrsgesellschaft werden von der Firma Sidney Straker & Squire Co. in London wahrgenommen.

Leichter Typ II S von 1912 mit einfacher Bereifung an der Hinterachse

Die Konzentration der Kunden auf den Subventionstyp bringt für Büssing noch einen betriebswirtschaftlichen Nebeneffekt. Die bisherige kostenintensive Zersplitterung der Fabrikation auf eine Unzahl von Einzeltypen (fast 200 unterschiedliche Modelle wurden bis dato angeboten) weicht einer gewissen Standardisierung. Die Vereinheitlichung findet seinen Höhepunkt im Jahre 1913, am Vorabend des Ersten Weltkrieges. Die Subventionsbedingungen von 1913 schränken die Förderung von Neufahrzeugbeschaffungen entscheidend ein. Unter Beratung durch den von Büssing ausgeliehenen

Schwere 5-Tonner als Lastzugkombination

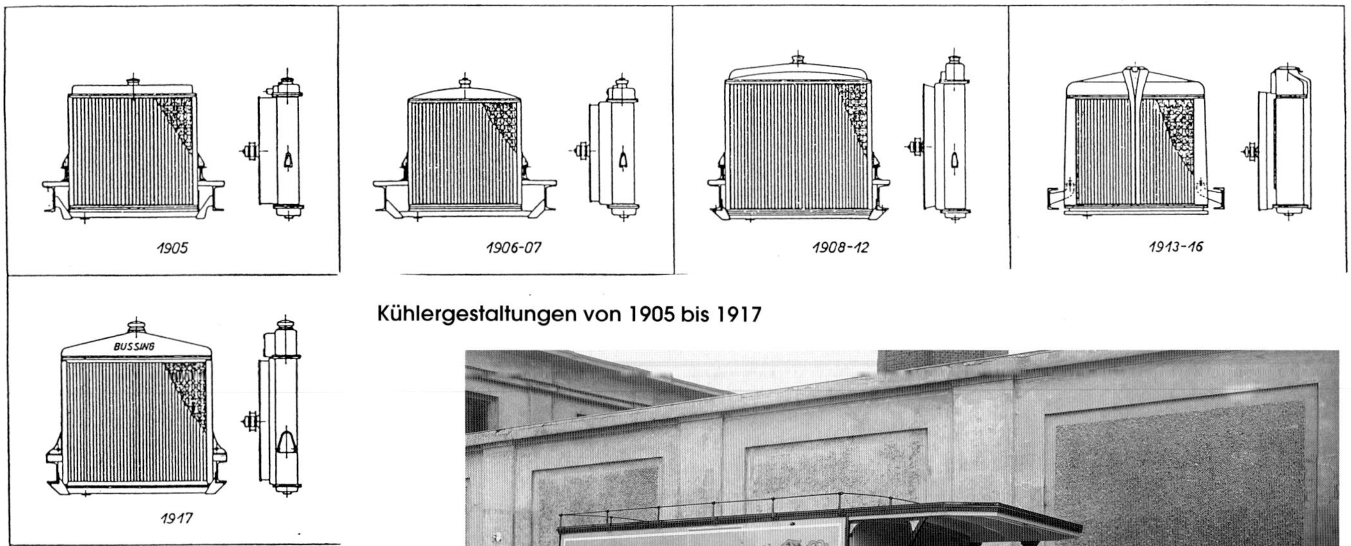

Kühlergestaltungen von 1905 bis 1917

Flaschenbierwagen des Typs III L von 1912

Techniker Staniewicz schreibt die Militärbehörde einen Anforderungskatalog vor, der in etwa dem 1911 von Büssing gelieferten und über 1946 km erprobten Modellwagen entspricht. Damit hat Büssing einen enormen Vorsprung gegenüber der Konkurrenz, die zunächst ein ähnliches Fahrzeug entwickeln muß. Der Subventionstyp 1913 weist einen genormten Kettenantrieb und einheitliche Bremstrommeln, Zapfwellen, Kompressionshähne und Anhängerkupplungen auf. Werkserweiterungen in den Jahren 1910, 1911 und 1913 versetzen Büssing in die Lage, den immensen Lastwagenbedarf der Heeresverwaltung zu stillen. Zeitweise werden bis zu 80 Büssing-Fahrzeuge im Monat abgeliefert.

Neben den regulären Lastwagen, für die Büssing erstmals im Jahre 1909 einen Sechszylinder-Motor mit Zweifunken-Magnetzündung und 90 PS Leistung entwickelt, qualifizieren sich die Braunschweiger Werke zunehmend zu einem Spezialisten für Sonderfahrzeuge. Da das Finanzpolster von Heinrich Büssing ihm ermöglicht, auch Ideen zu verwirklichen, die nicht in direkten Gewinn umzumünzen sind, experimentiert er mit einer Vielzahl unterschiedlicher Anwendungsgebiete des Nutzfahrzeugs.

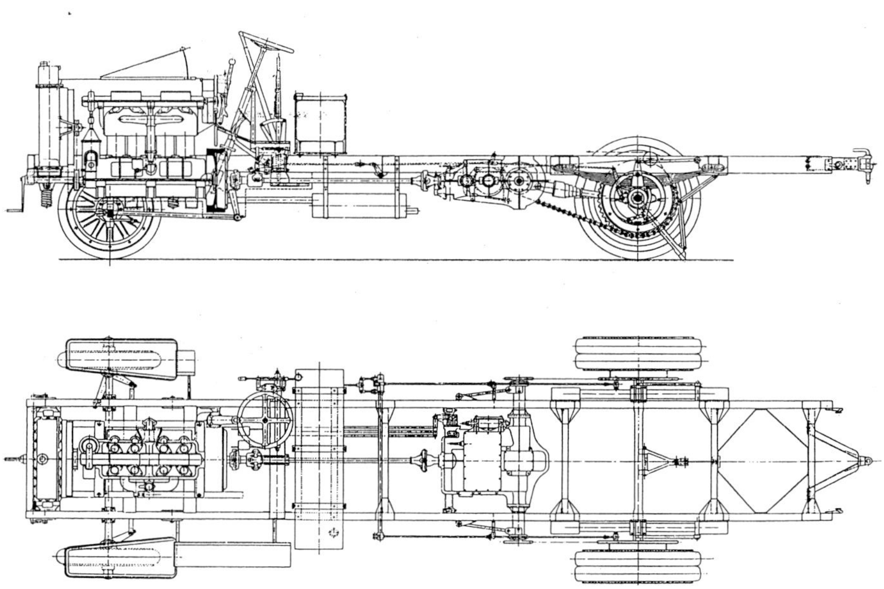

Maßzeichnung Chassis Type IV V

Typ III Kipper (oben) und Typ III Langholz-Lastzug von 1913 (unten)

Typ III mit Kettenantrieb als Seitenkipper-Lastzug mit Aufbau von Armin Tenner, Berlin

Zusammen mit seinem Sohn Max und Professor Hofmann - der Sohn Ernst ist inzwischen aus der Firma ausgeschieden - entwickelt Büssing Fahrzeugtypen, für die im Rahmen der Feindlichkeiten des Weltkrieges eine rege Nachfrage besteht. Dazu gehört ein Seilwindenwagen, der durch Motorkraft mittels eines Drahtseils Geschütze und andere Gegenstände in Stellung bringen kann. Entwickelt wird auch ein Fahrgestell mit Vierradantrieb, bei dem alle vier Räder lenkbar sind, und das, da es vorwärts wie rückwärts gleichermaßen fahren kann, an beiden Wagenenden ein Lenkrad besitzt. Auf diese Fahrgestelle werden im Verlauf der Kriegshandlungen Panzeroberteile aufgesetzt. Sie bewähren sich aufgrund ihrer Wendigkeit und der Möglichkeit, schnell vorzustoßen und sich ebenso schnell zurückzie-

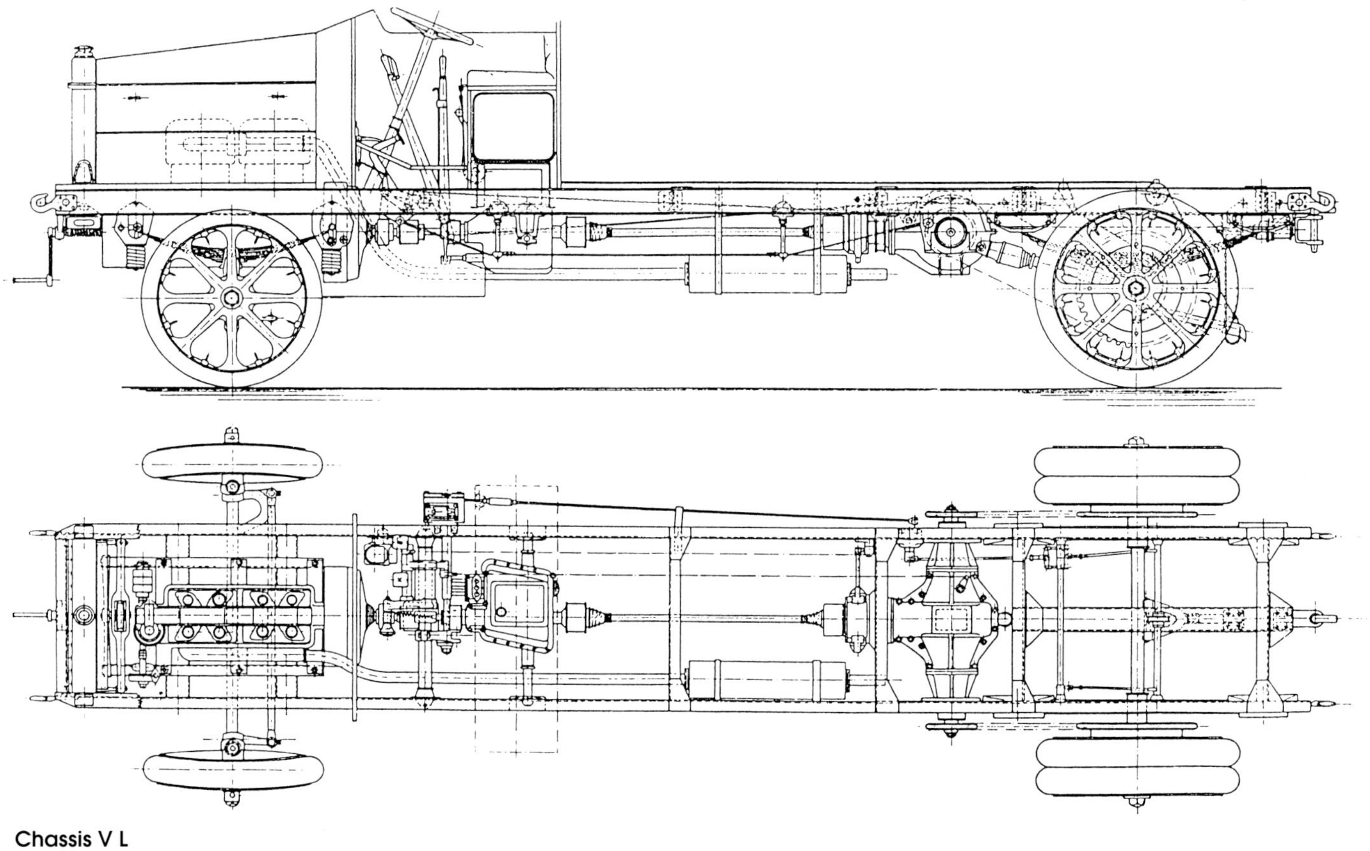

Chassis V L

hen zu können, auf vielen Kriegsschauplätzen. Ebenfalls im Hinblick auf eine eventuelle militärische Nutzung präsentiert Büssing einen Artillerieschlepper mit übermäßig großen Rädern (Durchmesser bis zu 2 Metern). Durch breite Ausführung der Radkonstruktion und aufmontierte Eisenstollen ist der Schlepper in der Lage, auch abseits der Wege in unwegsamem Gelände, in Sand und in Schnee zu fahren.

In der Forstwirtschaft, aber auch im späteren Kriegseinsatz bewähren sich spezielle Langholzschlepper auf verkürzten Lastwagenfahrgestellen. Darüber hinaus liefert Büssing in den Jahren vor den Ersten Weltkrieg Spezialfahrzeuge aller Art, u. a. Geschützschlepper mit besonderen Anhängern, die die schweren Lasten auf möglichst viele Achsen verteilen, des weiteren Lastwagen mit Schienenfahreinrichtungen, Wäschereiwagen, die zusammen mit Anhängern eine komplette Feldwäscherei darstellen, und Beleuchtungswagen, bei denen ein Benzinmotor einen Dynamo zur Stromerzeugung antreibt.

Der von der amerikanischen Firma Holt Caterpillar Co. entwickelte Raupenschlepper stellt seine Geländefähigkeit, vor allem bei der Überwindung von Gräben (man denkt auch an die Schützengräben der feindlichen Befestigungen) und anderen Hindernissen so deutlich unter Beweis, daß auch Büssing eine solche Konstruktion entwickelt. Der Raupenantrieb nach seinem Prinzip bewährt sich im Truppeneinsatz so gut, daß Büssing auch

Typ III Brauereiwagen von 1914 (oben), Typ III 3-4-Tonner von ca. 1918 (Mitte) und Typ III als Heereslastwagen von 1914 (unten)

Artillerieschlepper

nach dem Kriege die Raupenschlepperfertigung für die Landwirtschaft und schwere Zugzwecke weiterführt. Das Wesentliche am Büssing-Prinzip ist, daß die über je zwei Antriebsräder laufende Kette stets fest auf den Boden gedrückt wird. Dies geschieht durch zweimal drei Rollen, auf denen das volle Fahrzeuggewicht ruht.

Im Rahmen der Vereinheitlichung der Produktion führt Büssing ab 1912 eine neue Typbezeichnung mit römischen Ziffern für die Büssing-Lastwagen ein. Entsprechend der ungefähren Nutzlast gibt es den Typ II mit 2,5 t, den Typ III mit 3,5 t, den Typ IV mit 4,5 t und den Typ V mit 5 t Zuladung. Diese Namensgebung wird für die Braunschweiger Erzeugnisse bis zum Zusammenschluß mit der NAG (1931) beibehalten.

Kettengetriebener Lastwagen nach Büssing-Lizenz des österreichischen Partners A. Fross-Büssing

Brauereilastzug mit Kettenantrieb von 1912

1909

Die erste Lastkraftwagenspedition der Welt

"Mit Gegenwärtigem gestatte ich mir, Ihnen die höfliche Mitteilung zu machen, daß ich in Berlin unter der Firma H. Büssing, Braunschweig Zweigabteilung: Büssing-Lastkraftwagen-Betrieb Berlin, eine Geschäftsstelle, verbunden mit großer Garage, eröffnet habe, um der Industrie die Beförderung von großen Lasten in bequemer und billiger Weise zu ermöglichen. Speziell bin ich auf das An- und Abrollen von Waggons und Kahnladungen vorzüglich eingerichtet. Die Transporte werden sowohl mit Lastkraftwagen, wie auch mit Lastkraftzügen auf beliebige Entfernungen ausgeführt. Durch Lastkraft-Züge können Transporte bis zu 10000 kg bewältigt werden."

So annonciert der Geschäftsführer des ersten Lastkraftwagen-Verkehrsbetriebes der Welt, der spätere technische Direktor der Büssing Nutzkraftwagen GmbH, Willy Staniewicz seine Dienste. Wieder steht das Streben von Heinrich Büssing nach Perfektion im Vordergrund.

Die neuentwickelten Lastzüge sollen im Alltagsbetrieb getestet werden. Was bietet sich also anderes an als eine firmeneigene Spedition, die, mit Büssing-Fahrzeugen ausgestattet, auch gehörig Reklame für die Marke und ihre Zuverlässigkeit machen kann. Unternehmerischen Weitblick und eine gute Nase für die Entwicklung des politischen Weltgeschehens beweist Büssing auch bei der Wahl des Standortes für das neue Unternehmen, denn Berlin ist einerseits Sitz wichtiger Kunden wie der Großbrauereien Schultheiss und Patzen-

Typ IV B von 1911 in Frontlenker-Konstruktion mit Fahrersitz oberhalb des Motors und davorstehendem Benzintank

hofer. Als Hauptstadt sind hier aber auch die Regierungsbehörden zu finden, die für eine eventuelle Mobilmachung an die Motorisierung der kämpfenden Truppen denken sollen.

Die vollmundige Reklame für die Kompetenz der neuen Firma mag etwas kühn wirken, wenn man bedenkt, daß anfangs nur vier Büssing-Motorwagen mit 38/40 PS und 5 Tonnen Nutzlast zur Verfügung stehen. Mit ihrer Eisenbereifung erreichen sie eine maximale Geschwindigkeit von 11 km/h. Zu jedem Motorwagen gehört ein ebenfalls eisenbereifter Anhänger mit 5 t Nutzlast.

Werbeanzeige von 1916

Doch nach einigen Anfangsproblemen stellt sich der Erfolg ein, und nach einem Jahr ist Staniewicz Herr über einen Fuhrpark von achtzehn Lastwagen, die mit Vollgummibereifung schon eine Geschwindigkeit von 16 km/h erreichen. Neben den Brauereien, die gern auf die Lastwagen zurückgreifen, wenn im Hochsommer die Pferde wegen der Hitze den Dienst versagen, kommt als neuer Kunde der Ullstein-Verlag hinzu, der nachts zwischen 1 und 2 Uhr mit den Büssingschen Lastwagen die "Berliner Morgenpost" von der Druckerei zu den Bahnhöfen bringen läßt. Die nächtlichen und frühmorgentlichen Einsatzzeiten forcieren die Verwendung von Vollgummireifen, denn man kann sich das Vergnügen der Anwohner vorstellen, wenn morgens um 5 Uhr ein eisenbereifter Latwagen zur Belieferung der Eckkneipe auf dem Kopfsteinpflaster herangepoltert kommt. Bei Schneefall muß meist der Lastwagenbetrieb aufgrund durchrutschender Eisenräder voll eingestellt werden. Doch auch die Vollgummibereifung, die den täglichen Aktionsradius eines Einzelfahrzeugs auf bis zu 172 km erhöht, ist noch nicht störungsfrei. Häufig schält sich im harten Lasteinsatz die 280 mm breite Gummischicht komplett ab oder wird inwendig flüssig und platzt. Auch die Gleitlager der Holzräder sind störungsanfällig. Bei starker Beanspruchung laufen sie warm, fangen an zu schmoren und setzen das Rad in Brand.

Der Berliner Lastkraftwagen-Betrieb ist eigentlich eine Außenstelle der Versuchsabteilung. Im Vorgriff auf die Bedürfnisse späterer Speditionen bietet Büssing die Lastwagen auch mit spezialisierten Aufbauten. So fährt die Berliner Filiale geschlossene Möbel-Kastenwagen, Kipper, Vieh- und Mehltransportwagen. Selbst eine frühe Frontlenker-Konstruktion kommt zum Einsatz. Der Führersitz eines Möbelwagens ist oberhalb des Motors angeordnet, mit einem riesigen Benzinkasten davor. Die Lenksäule führt senkrecht nach unten. Der Fahrer muß mehrere Stufen hinaufklettern, um an seinen Platz in dieser erhabenen Position zu gelangen.

Als Spedition rechnet sich der erste Lastwagentransportbetrieb der Welt betriebswirtschaftlich nicht, er erfordert gar nach Aussagen des Geschäftsführer einen jährlichen Zuschuß aus Braunschweig von 5000 RM. Die technischen Erkenntnisse für eine praxisgerechte Weiterentwicklung von Rädern, Bereifung, Federung, Walzlagern und Antriebskomponenten sind jedoch unbezahlbar. 1911 löst Büssing den Berliner Betrieb wieder auf. Staniewicz wird von Büssing sofort danach an die Armeeführung "ausgeborgt" als erster Zivilingenieur zur Instruktion der Verkehrstruppen.

5 Tonner-Subventionswagen von 1909 beim Büssing Lastkraftwagenbetrieb Berlin

Speditionswagen von 1914 mit Kardanantrieb (oben) und Kardan-Chassis Type II S (unten)

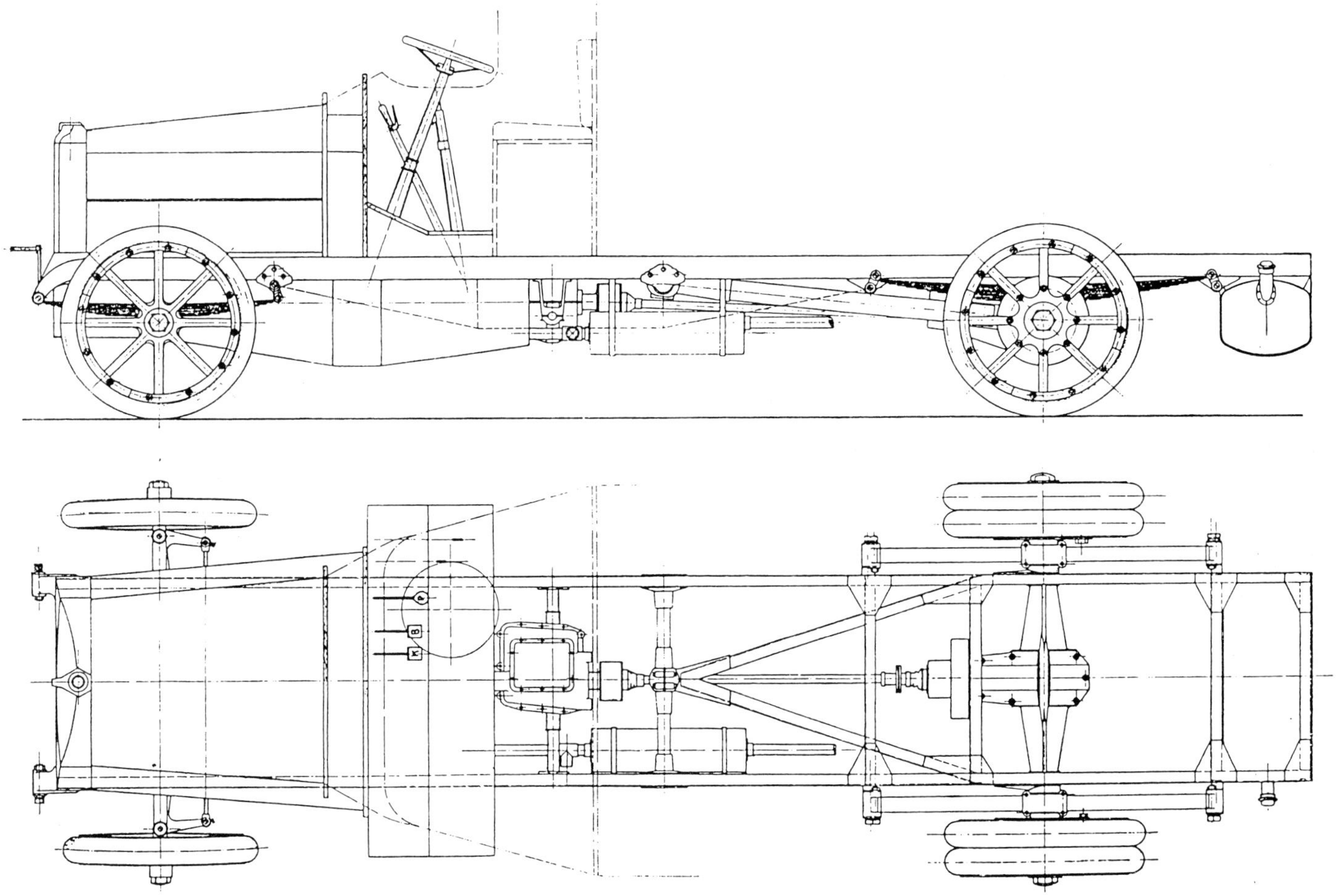

1918

Die Durststrecke nach dem Kriege

Die Zeit des Ersten Weltkrieges ist eine Blütezeit für die Firma Büssing. Die Braunschweiger Werke können kaum der Nachfrage nach Motorfahrzeugen für die kämpfende Truppe Herr werden. Als am 11. November 1918 der Waffenstillstand von Compiegne unterzeichnet und damit das Ende des Krieges besiegelt wird, steht Büssing vor einem absoluten Neubeginn. In den letzten Kriegsjahren waren Kupfer, Zinn, Zink, Nickel, Aluminium und Gummi immer knapper geworden. Man behalf sich mit Ersatzmaterialien, die teilweise nur ungenügend zuverlässig waren und vielfach die Konstruktionen unnötig gewichtig machten. Die so entstehenden Fahrzeug waren bedeutend weniger leistungsfähig und in Bezug auf die Haltbarkeit ausländischen Produkten weit unterlegen. Nachdem nun der Hauptkunde für diese Kriegsfahrzeuge, nämlich die Heeresverwaltung wegfällt, können diese Konstruktionen nicht mehr konkurrenzfähig angeboten werden. Zudem stehen Tausende nicht mehr benötigter Heereslastwagen auf Halde, die auf den zivilen Markt drücken. So wählen die Kunden, die aufgrund langer entbehrungsreicher Kriegsjahre jeden Pfennig zweimal umdrehen, kaum neu aus der Fabrik kommende Fahrzeuge.

Trotz Ende des Krieges kommt Deutschland auch politisch nicht zur Ruhe. Der Kaiser hat abgedankt. In dieses Machtvakuum stoßen die Ideen einer kommunistischen Revolution. Die privaten Firmen werden im Handumdrehen von Mitgliedern des Arbeiter- und

Typ II als Paketwagen bei der Kaiserlich Deutschen Feldpost

Werbeanzeige von 1922

Soldatenrates sozialisiert. Auch bei Büssing haben radikale Elemente bereits einen Arbeiterrat wählen lassen. Unter dem Druck der Arbeiter geht die Betriebsleitung versuchsweise von Akkord- auf Zeitlohn über. Doch es stellt sich sehr schnell heraus, daß die Firma so nicht rentabel und konkurrenzfähig bleiben kann. Als weitere Verhandlungen scheitern, kündigt Büssing am 8. August 1919 der gesamten, zu diesem Zeitpunkt 1450 Mann umfassenden Arbeiterschaft zum 23. August des Jahres. Als daraufhin Schalter und Motoren im Werk durch Sabotage zerstört werden, werden am 13. August alle Arbeiter entlassen. Trotz Einschaltung eines Schlichtungsausschusses gibt es keine Einigung. Erst als ein Urteil festlegt, daß ein Betriebsinhaber seinen Betrieb eigenständig stillegen und nicht verpflichtet werden könne, ihn zu einem bestimmten Zeitpunkt wieder zu öffnen, hat sich Büssing durchgesetzt. Am 30. Oktober 1919 erscheinen 66 Mann wieder zur Arbeit, und am 13. November wird der Streik endgültig abgebrochen. Die früheren Arbeiter werden jedoch nur entsprechend der weiteren betrieblichen Erfordernisse wieder eingestellt. Am 29. Februar 1920 ist wieder die Zahl Tausend erreicht.

LZM Zugmaschine von 1920

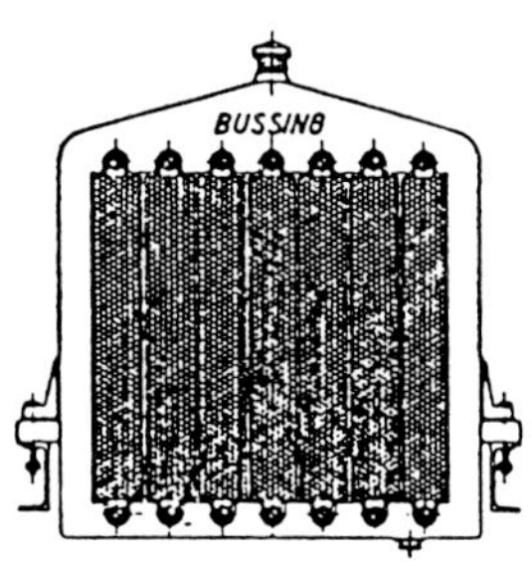

1918

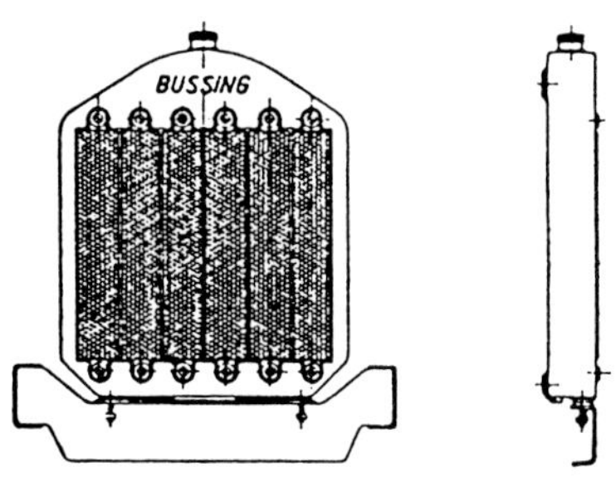

1919

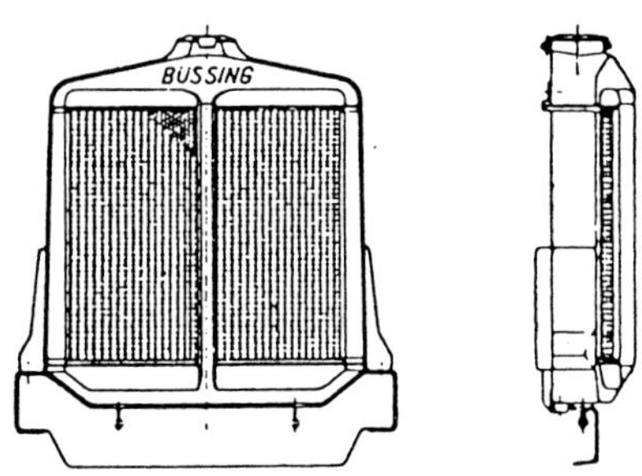

1920-22

Typ III GE mit Kardanantrieb und Elastikbereifung. Die Kardanmodelle sind sofort zu erkennen an der größeren Ausführung der hinteren Radnaben

Zwei weitere Jahre dauert es, bis Büssing auch technisch wieder auf dem Stand der Zeit ist. Zu lange hat man in den Kriegsjahren mit Notlösungen experimentieren müssen. Für grundlegende Neukonstruktionen war weder Geld noch Zeit vorhanden gewesen. Heinrich Büssing, der bereits in den hohen Siebzigern steht, und sein Sohn Max erkennen, daß der Kettenantrieb auch für Nutzfahrzeuge längst überholt ist, und forcieren die Entwicklung eines leistungsfähigen Kardanantriebes. 1920 erscheint der erste Dreitonner mit Hinterachsantrieb über Kardan mit Schubgelenk. Der Teilblockkühler stammt von Behr. Nach 20000 km Probefahrt wird dem Prototyp eine ausreichende Zuverlässigkeit attestiert, und die Berliner ABOAG bestellt sofort 40 Doppeldecker auf diesem Fahrgestell.

Am 2. Oktober 1920 wird die Büssing Automobilwerke OHG in eine KG umgewandelt. Als persönlich haftende Gesellschafter fungieren Max Büssing und der neu als Teilhaber aufgenommene Dipl.Ing. Werners. Der Gründer der Firma, der inzwischen mit Ehrentiteln überhäufte "Herr Geheimer Baurat Dr. Ing. e.h. Heinrich Büssing" zieht sich aus der Firmenleitung zurück. 1922 wird die finanzielle Struktur der Firma nochmals auf neue Beine gestellt. Es entsteht eine Aktiengesellschaft mit einem Grundkapital von 10 Millionen Mark. Die Hauptanteile bleiben jedoch weiterhin in der Familie Büssing. Anteilseigner sind Heinrich und Max Büssing, die Braunschweigische Automobilindustrie GmbH, Dipl. Ing. Paul Werners und die Hamburger Hugo Stinnes AG. Den Vorstand bilden Max Büssing und Paul Werners, während der Senior den Vorsitz im Aufsichtsrat übernimmt.

Kaum hat sich die deutsche Industrie von den Schlägen des Ersten Weltkrieges erholt, erscheint schon das nächste Schreckgespenst. Der Wert der Mark sinkt rapide. Durch die Inflation geht das Verständnis für den Wert des Geldes verloren. Immer höhere absolute Umsatzzahlen gaukeln eine Scheinblüte vor, für Lieferungen an das Ausland erhält man jedoch nur unvollkommene finanzielle Gegenleistungen. Ein Büssing Fünftonner wird im Export zu gerade einem Zehntel seines effektiven Wertes verkauft. Als sich zum Ende des Jahres 1923 endlich wieder die Mark stabilisiert, bedeutet dies einen harten Schlag für die deutsche Automobilindustrie. Durch plötzlich reelle Preisgestaltung kommt der Absatz vor allem im Ausland fast voll zum Erliegen. Die deutschen Lastwagen sind dort auf einmal so teuer, daß sie sich gegen die Konkurrenz, vor allem die amerikanische nicht mehr durchsetzen können.

Typ III mit Kardanantrieb und charakteristischem Elementenkühler

1923

Typbereinigung und Einführung der Fließbandfertigung

Bis zum Beginn der Zwanziger Jahre verlassen fast 300 verschiedene Typen von Nutzfahrzeugen die Braunschweiger Hallen. Neben Modellen, die noch mit Kettenantrieb auf Vorkriegskonstruktionen basieren, entstehen modernere Kardan-Lastwagen. Hinzu kommen eine Unzahl von Spezialfahrzeugen und ab Werk gelieferten Sonderaufbauten. Dahinter steht das Bestreben, jedem Kunden genau das Fahrzeug bieten zu können, das er sich für seinen Betrieb wünscht. Bei dieser Zersplitterung der Produktion ist es kein Wunder, daß die deutschen Lastwagenfabrikanten gegenüber der ausländischen Konkurrenz ins Hintertreffen geraten. Diese, allen voran die Amerikaner, trachten danach, möglichst hohe Stückzahlen eines oder nur weniger Grundtypen zu erzielen. Um die Produktionsmethoden der amerikanischen Konkurrenz zu studieren, fährt das Firmenvorstands-Mitglied Paul Werners direkt nach Amerika. Dieser nimmt als Techniker den damaligen Oberingenieur und späteren Direktor Staniewicz mit in die Höhle des Löwen. Unter anderem schauen sie sich die revolutionierende Fließbandfertigung bei Ford in Dearborn an. Beide kommen mit einer Vielzahl neuer Erkenntnisse zurück. Sie haben festgestellt, daß sie sich in technischer Hinsicht nicht hinter den amerikanischen Konstruktionen verstecken müssen, daß aber bei der Fertigung grundlegende Änderungen notwendig sind. Als erste Maßnahme wird die Anzahl der angebotenen Modelle drastisch gekürzt. Als langfristige Aktion werden neue Werkzeugmaschinen bestellt, die für eine Reihenfertigung am Fließband geeignet sind. Auch die Fabrikanlagen müssen

3 Tonner mit Kettenantrieb und Ipagnom-Gaserzeuger von ca. 1924

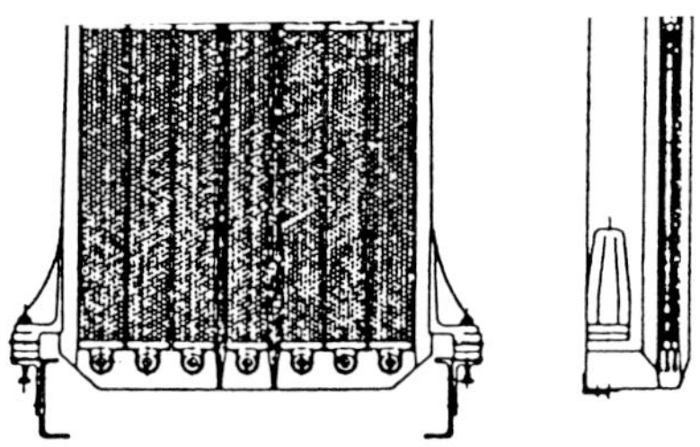

1927

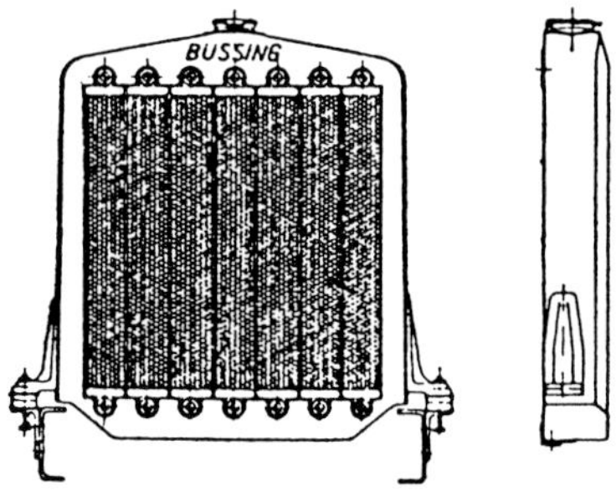

1923

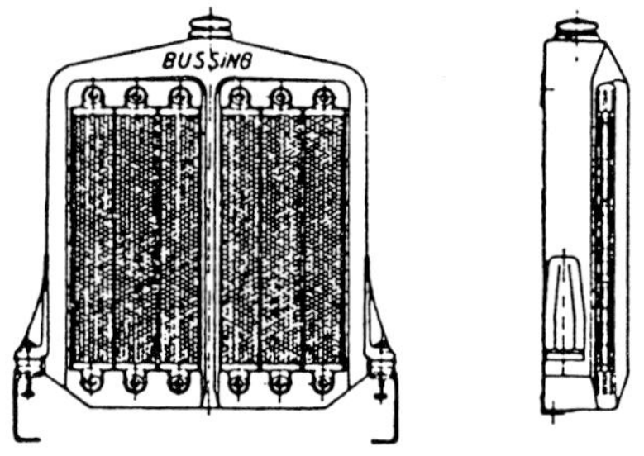

1924-27

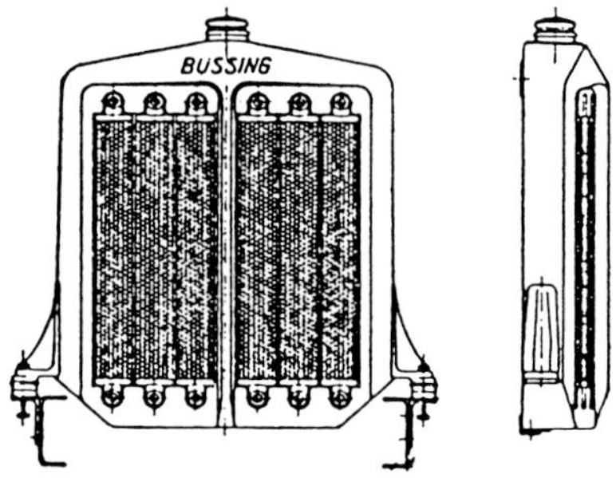

1927

Langholzzug auf Typ III mit Kettenantrieb

dementsprechend umgestaltet werden. Der gesamte Werkskomplex umfaßt nach Abschluß der Umstellung etwa 75000 qm entlang der Salzdahlumer Straße in Braunschweig, davon rund 50000 qm überbaute Fläche. Als 1924 der erste Büssing-Wagen von den neuen Fließbändern läuft, ist die Belegschaft auf etwa 2400 Arbeiter und Angestellte gestiegen, die monatlich 250 Fahrzeuge produzieren.

1923 wird als äußeres Kennzeichen der Büssing-Lastwagen der sechsteilige Elementenkühler aus Messing eingeführt, der mit seinen charakteristischen Schraubenköpfen die Fronten prägt. Ab 1927 gibt es diesen auch mit einem mittleren siebten Element. Oben und unten befindet sich jeweils ein Wasserkasten. Die dazwischenliegenden Kühlelemente sind einzeln austauschbar. Nach dem Lösen von zwei Verschraubungen werden sie aus dem Rahmen genommen. Auch können einzelne Elemente abgeschaltet werden, um bei Beschädigungen den Betrieb aufrechtzuerhalten oder um bei geringen Außentemperaturen die Kühlwirkung zu reduzieren. Diese wartungs freundliche Konzeption ist einbettet in ein modernes Modul-Bauteilsystem, bei dem alle dem normalen Betriebsverschleiß ausgesetzten Teile, selbst ganze Fahrgestellgruppen, "ohne Paßarbeit " - wie das Werk betont - leicht und schnell ausgewechselt werden können. Zu dieser Zeit läßt man häufig beim Dorfschmied verschlissene Teile grob und nicht immer der Ursprungskonstruktion entsprechend nachfertigen und es ist nicht selbstverständlich, daß ein Lastwagenhersteller feingepaßte Ersatzteile serienmäßig selbst liefern kann.

Alle Büssingwagen der neuen Generation besitzen ein Fahrgestell mit tiefer Schwerpunktlage. Der Rahmen mit gepreßten Längsträgern besteht aus hochwertigem vergüteten Nickelstahlblech. Der Motor ruht auf einem besonderen Hilfsrahmen. Durch eine Dreipunktaufhängung wird er nun nicht mehr den Verwindungen des Chassis ausgesetzt. Ab Ende 1926 werden alle Büssing-Lastwagen serien-

Typ III GE mit Kettenantrieb und Elastikbereifung von ca. 1924

mäßig mit Sechszylinder-Motoren ausgestattet. Vierzylinder werden nur noch auf besonderen Wunsch geliefert. Die Hersteller betonen, daß dadurch die "Vibrationssschauer" beim Anfahren und Gangwechsel verschwinden und eine größere Laufruhe sowie ein höheres Anzugsmoment zu vermerken seien. Äußerlich erkennt man die neue Motorisierung an den zwei übereinanderliegenden Reihen von Kühlluftöffnungen an den Haubenseiten. Durch die zwei zusätzlichen Zylinder - durch Baukastenfertigung mit paarweise in Blockform gegossenen Zylindern kann Büssing die Motorerweiterung ohne große Komplikationen regeln - wird die Abnutzung der Maschine geringer und es können längere Intervalle zwischen den notwendigen Revisionen vorgeschrieben werden. Wie schon bei den ersten Büssing-Lastwagen hängen die Ventile im abnehmbaren Zylinderkopf. Die Ventilsitze werden direkt vom Kühlwasser umspült. Die Kolben bestehen aus Spezialgrauguß oder Leichtmetall.

Typ V G 4 Zylinder mit 45 PS von ca. 1924 (oben), Typ V GL von 1926 mit 60 PS-Vergasermotor und Aufbau von Schörling, noch 1957 in Moers im täglichen Einsatz (Mitte), und Typ III GL mit Luftbereifung (unten)

Lange und breite Halbelliptikfedern sorgen für den Büssing-bekannten Fahrkomfort auch bei Leerfahrten. Da die Schub- und Bremskräfte von besonderen Stahltrichtern aufgenommen werden, können die Federn sich voll ihrer eigentlichen Aufgabe widmen und haben so auch eine längere Lebensdauer. Die Vorderachse ist als Faustachse ausgebildet.

Typ V G 4 Zylinder mit Meiller-Kipper

Typ III GL, III GLn, IV Gn, IV GnL, V G (1926)

Motor	Typ C 3 Benzin
Zylinder	6
Leistung PS	65/75
Max.Drehzahl U/min	1000
Hubraum ccm	8550
Bohrung mm	110
Hub mm	150
Getriebe	4-Gang
Radstand mm	
III GL	4700
III GLn	5100
IV Gn, GnL	4750
V G	4600 o. 5200
Nutzlast t ca.	
Typ III	3.5
Typ IV	4.0
Typ V	5.0

Typ III GL, V G (1930)

Motor	Typ C 4 Benzin
Zylinder	6
Leistung PS	80
Max.Drehzahl U/min	1000
Hubraum ccm	9350
Bohrung mm	115
Hub mm	150
Getriebe	4-Gang
Radstand mm	
III GL	4700
V G	4200
Nutzlast t ca.	
Typ III	3,5
Typ V	5,0

Typ V G Seilwindenwagen

Die Lenkung erfolgt über Schnecke und Zahnsegment im Ölbad. Das Getriebe mit vier Vorwärts- und einem Rückwärtsgang zeichnet sich aufgrund gehärteter und geschliffener Zähne aus Chromnickel-Stahl durch Geräuschlosigkeit aus. Eine Kardanwelle mit zwei Gelenken überträgt die

Vierzylinder-Typ V G beim Weintransport in der Pfalz

Typ II G Telegraphenbauwagen der Deutschen Reichspost von 1927

Kraft zum Büssing-eigenen Hinterachsgetriebe mit Kegelräder- und Stirnräderpaar.

Die Büssing-Lastwagen der späten zwanziger Jahre besitzen grundsätzlich drei Bremsen. Neben einer fußbetätigten wassergekühlten Außenbacken-Getriebebremse und einer handbedienten Hinterrad-Innenbackenbremse ist eine Motorbremse installiert. Bei dieser wird durch einen besonderen Hebel die Nockenwelle in Richtung der Längsachse verschoben. Die Einlaßventile bleiben so verschlossen. Die Auslaßventile öffnen beim Abwärtsgang des Kolbens, so daß Luft aus der Auspuffleitung zurückgesogen wird, die beim Aufwärtshub bei nunmehr rundum geschlossenen Ventilen verdichtet werden muß. Der Kompressionswiderstand wird dadurch in Bremswirkung umgesetzt. Während die Lastwagen der Vorkriegs- und Kriegszeit noch den Fahrer ungeschützt Wind und Wetter aussetzten, werden in den zwanziger Jahren die Fahrerplätze zu geschlossenen Häusern mit festem Dach und Seitenscheiben. Die Windschutzscheibe ist auf der Fahrerseite ausstellbar eingerichtet. Drei Personen finden auf den rindlederbezogenen Sprungfederpolstern Platz.

Typ IV Gn von 1928

Typ V G von 1925 mit 4 Zylinder-Ottomotor

Die Ausstattung mit Sechszylindermotoren ist zu erkennen an den zwei Reihen von Lüftungsschlitzen an den Haubenseiten. Oben: Typ III GLn mit 65 PS und Luftbereifung von ca. 1931. Unten: Typ III G Sechszylinder-Paketwagen der Deutschen Reichspost mit Vollgummibereifung

eine 40 - Stellung hochwindet. Mit seiner Nutzlast von 5 bis 6 Tonnen erreicht der Wagen eine Höchstgeschwindigkeit von 25 km/h. Büssing ist auch weiterhin stolz auf seine Kompetenz als Hersteller einer Vielzahl von Sonderfahrzeugen. So werden u.a. Feuerwehrwagen, Mülltransporter und andere Kommunalfahrzeuge ab Werk geliefert. Diese passen mit ihren speziellen Komponenten, wie z. B. den Nebenabtrieben, nicht in die standardisierte Fließbandfertigung und müssen an separaten Arbeitsplätzen kostenintensiv zusammengeschraubt werden.

Typ V G mit zurückgebauter Vorderachse als Müllwagen (oben) und Typ III GL von 1927 mit 65 PS leistendem Sechzylinder-Ottomotor als Sprengwagen der Stadtwerke Bochum, im Einsatz bis 1953 (Mitte)

Als zweite Aufbauvariante neben dem regulären Pritschenwagen wird 1923 ein Universal-Kipper präsentiert. Basis bildet ein 55 PS starkes Vierzylinder-Fahrgestell. Ein Nebenantrieb am Schaltgetriebe bewegt eine Spindel, die die 3,90 m lange und 2 m breite Kippbrücke in 20 bis 30 Sekunden auf

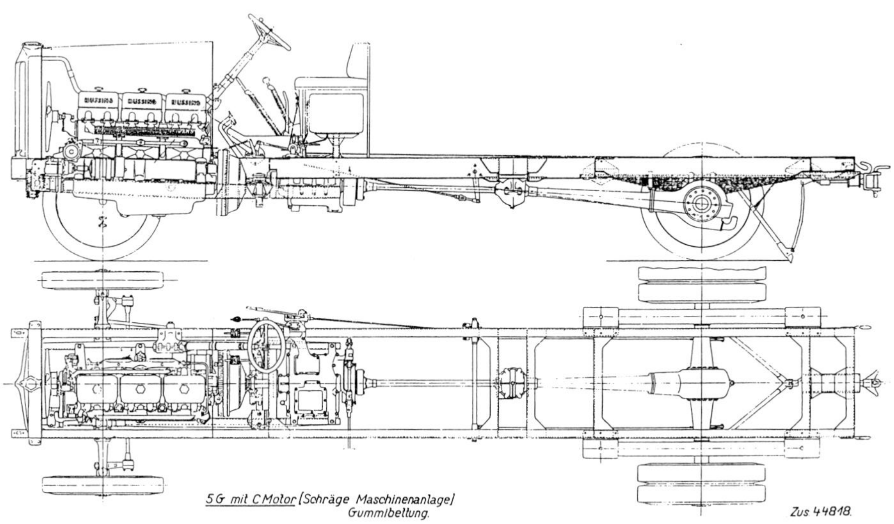

Typ V G mit zurückgebauter Vorderachse und Vollgummibereifung für die Feuerwehr des Zirkus Sarrasani (Aufbau: Schörling, Hannover) und darunter Typ V G Sechszylinder mit Meiller-Kipper

Zum Modelljahr 1928, dem Jahr des 25jährigen Bestehens der Firma, bietet Büssing Lastwagen-Fahrgestelle in drei Nutzlastklassen, jeweils gekennzeichnet mit einer römischen Ziffer:

- für 2,5 bis 3,5 t den Typ III G mit 65 PS-Sechszylinder
- für 5 t den Typ V G mit 70/75 PS-Sechszylinder
- für 6 bis 7 t den Sechsrad-Typ VI G mit 80/90 PS- oder 100/110 PS-Sechszylinder.

Nur als Omnibus-Fahrgestell vorgesehen ist der Niederrahmen-Typ IV Gn mit 70/75 PS-Motor. Für den Personentransport sind auch die Niederrahmenfahrgestelle III GLn und VI GLn konzipiert, werden aber auch als Basis für Lastwagen angeboten, jedoch - wie das Typkürzel "L" aussagt - nur mit Luftbereifung.

Die Lastwagen-Kunden können wählen zwischen Vollgummi-, Elastik- oder Riesenluftreifen, Draht- oder Wulstreifen. Je nach Bereifung werden Räder aus Stahlguß, Stahlblech oder Elektron-Leichtmetall montiert. Nur der Sechsradwagen kann allein mit Riesenluftreifen bestellt werden.

Stammholztransport im Bergischen Land auf Typ V G mit Vollgummibereifung (oben), Typ IV Gn (75 PS-Sechszylinder) mit Meiller-Kipper (Mitte) und Typ V G Sechszylinder von ca. 1925 mit zurückgebauter Vorderachse und Vollgummibereifung (unten)

Typ V G Lastzug mit Sechszylinder-Vergasermotor

1924

Der Sechsradwagen

Unter Leitung des technischen Direktors Staniewicz entwickeln die Büssing-Werke ab 1923 ein für die Zeit revolutionäres Fahrzeug. Ausgehend von der Erkenntnis, daß die zur Verfügung stehenden Luftreifen nicht den Belastungen gewachsen sind, die auf der Hinterachse eines beladenen Nutzfahrzeugs auftreten, sehen die Techniker die einzig machbare Lösung in der Konstruktion eines Dreiachsers, bei dem sich die Kräfte auf mehr Achsen verteilen können. Zwillingsreifen auf einer einzelnen Hinterachse stehen noch in dem Ruf, daß sie bei Unebenheiten in der Straße oder bei ungleichmäßigem Reifendruck sich selbst zerstören. In einer Werksveröffentlichung von 1927 wird sogar be-

Erster Sechsradwagen von 1923 mit Continental Riesen-Luftreifen

Vierzylinder-Sechsradwagen aus der ersten Serie (oben), Typ 6 G 1 mit 4 Zylinder-Vergasermotor von 1928 als Großmüllwagen, Aufbau: P. Bauer, Köln (Mitte) und Typ VI GL Möbelwagenzug (unten)

hauptet: "Die Anwendung von Zwillingspneus bei schweren Fahrzeugen ist daher technisch falsch und verursacht Betriebsstörungen wie erhöhte Betriebskosten."

Typ VI GL (1926)

Motor	Typ C 4 Benzin
Zylinder	6
Leistung PS	80/100
Max.Drehzahl U/min	1000
Hubraum ccm	9350
Bohrung mm	115
Hub mm	150
oder	
Motor	Typ D 2 Benzin
Zylinder	6
Leistung PS	90/110
Max.Drehzahl U/min	1200
Hubraum ccm	11780
Bohrung mm	125
Hub mm	160
Getriebe	4-Gang
Radstand mm	
1926:	3700+1250 o. 5600+1250
1930:	4300+1250
Nutzlast t ca.	7,5

Bei Versuchen mit einem Sechsradwagen mit nur einer angetriebenen Hinterachse stellt sich jedoch heraus, daß durch unterschiedliche Trieb- und Bremskräfte einzelne Reifen überbeansprucht werden und zudem bei extremen Fahrbahnverhältnissen die Antriebsräder durchdrehen. Die nächsten Versuchsfahrzeuge werden daher mit zwei angetriebenen Hinterachsen ausgerüstet. Da die Motorkraft auf beide Achsen wirkt und so halbiert wird, können beide Achselemente leichter ausgeführt werden als bei einem herkömmlichen Zweiachschassis gleicher Nutzlast. Die Achskörper sind von ihrem Eigengewicht gleich schwer. So verteilt sich schon bei leerem Fahrzeug der Druck gleichmäßiger als bei nur einer Antriebsachse. Durch die Einfügung eines Waagebalkens zwischen den beiden Hinterachsen trägt jeder der vier Luftreifen die gleiche Last. Der Bodendruck eines jeden Rades ist ent-

Typ VI GL mit Sechszylinder-Vergasermotor (oben und unten)

Typ VI GL mit Tankwagenaufbau von P. Bauer, Köln

sprechend geringer als beim Zweiachser. Die Waagebalkenfeder ist in einem Punkt drehbar am Rahmen befestigt. Fällt ein Rad also in eine Unebenheit, wird der Schlag von dem dahinterlaufenden mit aufgenommen und gedämpft. Die Federmitte, die den Ruck an den Rahmen weiterleitet, wird dementsprechend nur um die Hälfte der Unebenheitstiefe gesenkt. So werden die Wirkungen von Fahrbahnstößen halbiert an die Ladung weitergegeben. Und bei der "Ladung" denken die Konstrukteure zunächst hauptsächlich an die Passagiere von komfortablen Omnibussen. Im Gegensatz zu späteren Dreiachsern wählt Büssing eine relativ aufwendige Form der Kraftübertragung. Die Motorleistung läuft über ein Wechselgetriebe auf ein spezielles Verteilergetriebe, von dem aus zwei einzelne, unterschiedlich lange Kardanwellen jeweils eine Hinterachse antreiben. Die Bremsung erfolgt über ein fußbetätigtes Knorr Luftdrucksystem und eine Handbremse. Beide wirken auf die vier Antriebsräder.

Erstmals wird der neue Sechsradwagen mit Continental "Riesenluftreifen" auf der Berliner Automobilausstellung im Jahre 1924 öffentlich vorgestellt. Die demonstrative Deutschland-Fahrt eines Sechsrad-Omnibusses führt zu einer großen Zahl von Bestellungen, vor allem für den Überlandverkehr. Ein geschlossener Auftrag der Ber-

Typ VI GL Möbellastzug von ca. 1930 mit Aufbau von Buschbaum, Hannover

Typ VI GL Fernlastwagen mit 90/110 PS-Vergasermotor

liner Aboag umfaßt allein die Lieferung von 100 Dreiachs-Bussen mit geschlossenem Oberdeck.

Nach dem Büssing-Erfolg präsentieren 1924 auch NAG und VOMAG Dreiachs-Fahrgestelle, jedoch mit nur einer Antriebsachse. Diese ist zwillingsbereift, um noch eine ausreichende Antriebsadhäsion zu erreichen. 1925 folgt Daimler mit einem Dreiachser. Doch Büssing bleibt Marktführer. 1929 stammen 98 % aller deutschen Dreiachser aus Braunschweig, weltweit sind es nach Aussage der Büssing-eigenen Reklameanzeigen 50 Prozent.

Obwohl sich der Tragfähigkeits- und Komfortvorteil der Dreiachser insbesondere bei Bussen ausspielen läßt, setzt sich die Konstruktion auch im Lastwagenbereich zunehmend durch. Als Basis für Sonderaufbauten wird sie gern genutzt. Die Kölner Fahrzeugfabrik Peter Bauer baut 1924 einen Großraum-Müllwagen mit 12 cbm Inhalt auf dem Dreiachschassis. Mit zwei Teleskopspindeln kann der Aufbau nach hinten gekippt werden. Mit seiner neu entwickelten staubfreien Einschüttung kann der Großraumwagen allerdings erst nach Einführung genormter Müllkübel voll genutzt werden. 1927 rüstet die Martini & Hünecke Maschinenbau AG in Berlin einen Dreiachser als Sicherheits-Tankwagen für 2 x 3500 Liter aus.

Auch im Export setzt sich der Büssing-Dreiachser zunehmend durch. Große Lieferungen gehen in die Sowjetunion. 1929 kommt ein Auftrag über zehn Dreiachser für die USA. Als der afghanische König 1928 die Technische Messe Leipzig besucht, erhält er als Geschenk einen der stabilen 7,5 Tonner, um die zahlreichen Gaben, die

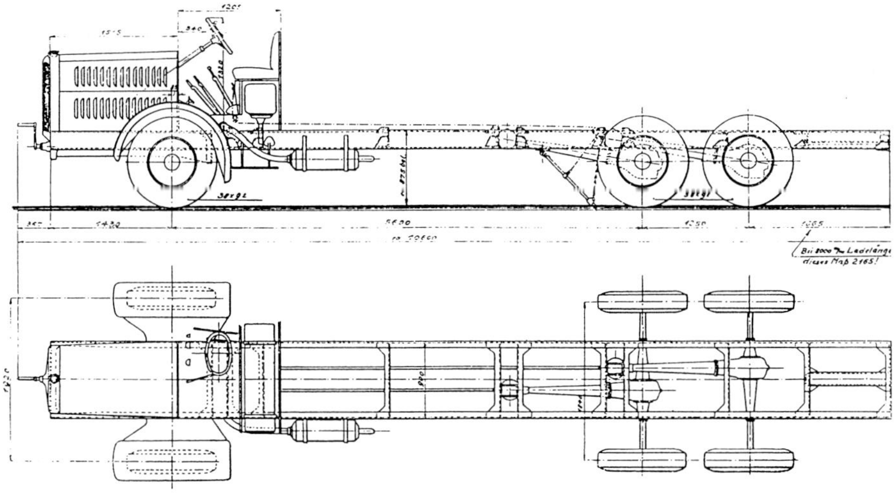

Maßzeichnung VI GL (1927)

Typ VI GL mit 100/110 PS-Sechszylinder (oben), Typ VI GLn Niederrahmenfahrgestell (Mitte) und Typ VI GL 6000 l - Tankwagen von 1929 (unten)

der König in Deutschland erhielt, in die Heimat zu überführen.

Um zu beweisen, daß die Riesenluftreifen auf dem Sechsradwagen wirtschaftlicher und zuverlässiger arbeiten als die herkömmliche Vollgummibereifung, verzichtet Büssing in einer 1926 gestarteten Werbeaktion voll auf die Bezahlung der Reifengarnitur, die allein einen Wert von etwa 4000-5000 RM darstellt. Stattdessen wird dem Käufer eine Abnutzungsgebühr von 10 Pfennig je gefahrenem Kilometer in Rechnung gestellt.

Der harte Winter 1928/29 tut ein Übriges, um die Überlegenheit der Sechsradwagen mit ihren zwei Antriebsachsen zu beweisen. Wo andere Lastwagen in Schneeverwehungen steckenbleiben, zieht der Büssing-Dreiachser unbeirrt weiter.

Die Sechsradwagen mit der Typbezeichnung VI GL bzw. VI GLn (als Niederrahmenfahrgestell) werden anfangs noch mit einem maximal 60 PS (bei 1000 U/min) leistenden Vierzylinder-Motor geliefert. Im Rahmen der allgemeinen Umstellung des Lastwagenprogrammes auf Sechszylinder-Maschinen kommen auch diese im Dreiachser zum Einsatz, zunächst mit 75/80 PS, ab 1926 wahlweise mit einer 9,3 Liter-Antriebseinheit mit 80/90 PS oder mit 100/110 PS aus 11780 ccm Hubraum. In alle mit Riesenluftreifen ausgestatteten Lastwagen baut Büssing serienmäßig ohne Mehrpreis eine Reifenfüllpumpe ein.

1929

Weltwirtschaftskrise und Tod des Firmengründers

Das Jahr 1929 ist für die Firma Büssing in zweifacher Hinsicht kein Jahr der Freude. Der 24. Oktober 1929 geht als "Schwarzer Freitag" in die Geschichte ein. Der Tag des Börsenkraches in New York markiert den Beginn einer allgemeinen Weltwirtschaftskrise. Für das Unternehmen Büssing ebenso entscheidend ist der 27. Oktober, der Todestag des Firmengründers Heinrich Büssing. Seine Persönlichkeit wirkt als alles überragende Integrationsfigur bis zum letzten Moment.

Noch in den letzten Lebensjahren hat der über Achtzigjährige nicht das Interesse für die von ihm gegründete Firma verloren und steht ihr als Vorsitzender im Aufsichtsrat zur Verfügung. Trotz der Firmenstruktur als Aktiengesellschaft versteht sich das Werk und mit ihm die Arbeiter- und Angestelltenschaft einschließlich des umfangreichen Händler- und Werkstättennetzes als eine große Familie, ein in der kapitalistisch orientierten Zeit kaum noch zu findendes Element, das bis zum Ende der Firma überdauert und auch heute noch bei ehemaligen Mitarbeitern und bei den Fans der Marke zu einem besonderen Verhältnis führt. Nachfolger von Heinrich Büssing als Aufsichtsratsvorsitzender wird sein Sohn Senator Dr.Ing. e.h. Max Büssing. Der Charakter als Familien-AG bleibt erhalten.

Der renommierte Lastwagenhersteller Mannesmann-Mulag in Aachen gerät 1929 in finanzielle Schwierigkeiten. Als Retter treten die Büssing-Werke auf und übernehmen Mitte 1929 das gesamte Ersatzteillager nebst Grundstücken und Gebäuden. Auch die Maschinen, Vorrichtungen und Patente gehen in Büssing-Besitz über. Zunächst wird nur die Ersatzteilfertigung für Mannesmann-Mulag-Lastwagen in Aachen fortgesetzt, später wird der Betrieb zum Teilelieferant im Büssing-Verbund.

Im Laufe des Geschäftsjahres 1929 belebt sich der Absatz von Lastwagen und Omnibussen. In Chicago wird eine Generalvertretung "Buessing Motors Company of America" eingerichtet. Diese verkauft den Dreiachser als fertiges Chassis komplett mit Bereifung und Lichtanlage für 10500 Dollar. Auslandsaufträge füllen die Bücher der Braunschweiger Firma: 50 Dreitonner für die Sowjetunion, 10 Fünftonner für Spanien, 10 Dreiachser für die USA. Den Höhepunkt bildet 1930 der Zuschlag für

Dieselschlepper DZ 1 mit 52 PS

die Lieferung von 800 Lastwagen aufgrund einer türkischen Staatsausschreibung. Trotz eines Jahresumsatzes von 24 Millionen RM weist die Bilanz für das Jahr 1929 jedoch keinen Gewinn aus, zum ersten Mal kann keine Dividende gezahlt werden. Der Grund liegt in der scharfen Konkurrenzsituation in der Branche. Viele deutsche

Diesel-Schlepper mit LD 4-Motor aus dem ehemaligen Komnick-Werk Elbing

Lastwagenhersteller kämpfen ums Überleben und drücken die Preise. Steuerliche und soziale Belastungen geben ein Übriges. Der Jahresabschluß für 1930 sieht noch düsterer aus. Der Umsatz ist auf 17 Milliarden RM zurückgegangen und 608 075 RM zeigen sich auf der Verlustseite.

Am 2. April 1930 wird das Konkursverfahren über das Vermögen der Automobilfabrik Komnick AG im ostpreußischen Elbing verhängt. Auf Anordnung der Reichsregierung wird bei einer Überprüfung festgestellt, daß eine Sanierung aufgrund übermäßig hoher Verluste unmöglich ist. Büssing greift zu, sichert sich Gelände und Betriebsanlagen von Komnick und richtet in Elbing ein Zweigwerk ein. Es soll vor allem den Kundendienst für die ostdeutschen Gebiete übernehmen und eine Basis bilden für eine Erschließung des ostpreußischen Marktes für die Braunschweiger Produkte. Service und Ersatzteilfertigung für die noch auf den Straßen laufenden Komnick-Fahrzeuge werden ebenfalls garantiert. Als einziges Relikt aus der umfangreichen Nutzfahrzeugpalette der 1907 gegründeten Firma Komnick wird ein Schleppertyp mit 4 Zylinder-Motor übernommen, der sich vor allem in Ost- und Westpreußen hervorragend eingeführt hat. 1932 wird dieser mit dem Büssing-eigenen Dieselmotor des Typs LD 4 ausgestattet. Später entwickelt sich das Elbinger Werk zu einem Schwerpunkt des Karosseriebau, das 1936 erstmals die Berliner Automobilausstellung mit eigenen Konzeptionen auf Braunschweiger Fahrgestellen beschickt. Der 23. Januar 1945, der Tag des Einmarsches russischer Panzer in die Stadt, besiegelt das Ende der zuletzt als "Werk Osten" bekannten Fabrik. 1930 kommen auch erstmals Dieselmotoren in das Büssing Lastwagenangebot, jedoch noch nicht aus eigener Fabrikation. Vielmehr liefert die Motorenfabrik Deutz AG SM Fahrzeug-Diesel nach Braunschweig.

1931

Zusammenschluß mit der NAG

Interne Studien hatten bereits seit 1929 ergeben, daß vor dem Hintergrund der weltwirtschaftlichen Lage die deutsche Nutzfahrzeugindustrie nur dann eine Chance habe, wenn einige finanziell gesunde Firmen sich zu einem Gemeinschaftsunternehmen zusammenschlössen. Durch Typenbeschränkung und Konzentration auf bestimmte Produktionsschwerpunkte könnte es zu einer immensen Herabsetzung der Unkosten kommen. Doch die Wirtschaftsberater predigen tauben Ohren. Zu groß ist der konstruktive Ehrgeiz und vor allem der Stolz der vielen kleineren und mittleren Unternehmen der Branche. Als im Gefolge der Weltwirtschaftskrise eine Fabrik nach der anderen die Tore schließt, erkennen aber auch die Oberen bei Büssing und die bei der zum AEG-Konzern gehörenden Firma NAG (Nationale Automobil-Gesellschaft) die Zeichen der Zeit. Am 1. Januar 1931 tritt die Fusion von Büssing und der Lastwagenabteilung der NAG in Kraft.

Geschwister aus dem Hause Büssing-NAG: 3 Tonner-Typ 300 und 5,5 Tonner 502

Es entsteht die "Büssing-NAG Vereinigte Nutzkraftwagen AG, Braunschweig", von deren Aktienkapital von 4 Mill. RM beide Partner jeweils die Hälfte besitzen. Die neue Gesellschaft übernimmt den Maschinenpark der NAG-Lkw-Fertigung gegen Bezahlung in Jahresraten zu jeweils 10 Prozent. Die Grundstücke und Werksanlagen der NAG in Leipzig und in Berlin-Oberschöneweide gehören der neuen Gesellschaft jedoch nicht, sondern werden angepachtet.

Durch die Übernahme der ehemaligen NAG-Produkte erweitert sich die Angebotspalette von Büssing gewaltig. Auch im Bereich der leichten Lastwagen, aus dem sich Büssing bewußt herausgehalten hatte, stehen jetzt mehrere Modelle zur Verfügung.

In Leipzig hatten die Polyphon-Werke als Tochterunternehmen die Dux Automobilwerke gegründet. Diese stellten unter Leitung von G. Schürmann Personenwagen und Lkw bis 3,5 t her. 1927 hatte die NAG das Dux-Werk übernommen und verkaufte fortan die Fahrzeuge als NAG-Dux. Aus diesem Erbe

Typ 150 mit hinterer Einzelbereifung

stammen die leichten und mittleren Lastwagen mit NAG-eigenen Vier- bzw. Sechszylinder-Vergasermotoren, die von NAG in die Ehe eingebracht werden. Mit der Erweiterung der Angebotspalette reicht natürlich das bisherige Büssing-Typschema nicht aus. Die Büssing-NAG führt neue Typnamen ein, deren zwei Ziffern sich an der ungefähren Nutzlast orientieren.

So umfaßt das Leichtlastwagen-Programm von 1931 die Typen 15 mit 1,5 t Nutzlast, 20 mit 2 t, 25 mit 2,5 t und 30 mit 3 t.

15, 150, 20, 20 L, 200, 25, 250, Burglöwe 15, 20, 25 (Vergaser)

Motor	Typ Z Benzin
Zylinder	4
Leistung PS	40/45
Max.Drehzahl U/min	2000
Hubraum ccm	3183
Bohrung mm	90
Hub mm	125
Getriebe	3-Gang
Radstand mm	
15, 20	3700
150, 200	3670
20 L	4000
25	4350
250	3800 o. 4100
Nutzlast t ca.	
15, 150	1,5
20, 200	2,0
25, 250	2,5

150, 200, WG (Diesel)

Motor	Typ LD 3 Diesel
Zylinder	3
Leistung PS	40/45
Max.Drehzahl U/min	2000
Hubraum ccm	3706
Bohrung mm	110
Hub mm	130
Getriebe	4-Gang
Radstand mm	3670
WG Sattelschlepper	3150
Nutzlast t ca.	
150 D	1,5
200 D	2,0

Typ 200 Kastenwagen

Als 1932 noch Zwischentypen mit Vierteltonnen-Sprüngen hinzukommen, erweitert Büssing-NAG das Typschema auf eine dreistellige Ziffer (150, 200, 250. 275, 300 und 350). Da sich Büssing mit den leichten Fahrzeugen auf ein Feld wagt, das auch für die Händlerschaft Neuland bedeutet, schließt man im Juli 1931 ein Vertriebs- und Produktionsabkommen mit der Frankfurter Firma Adler. Ähnlich wie Adler bereits eine Vereinbarung mit den Nürnberger Triumph-Werken im Bereich von Schreibmaschinen und Fahrrädern hat, beschränken sich die Frankfurter nun auf den Bau von kleinen Lieferwagen mit 400 und 750 kg Nutzlast und beziehen von Büssing-NAG aus der Leipziger Fertigung 1,5 t- und 2 t-Lastwagen, die als Büssing-Adler über das Adler- Händlernetz vertrieben werden.

Typ 200 (links) und Typ 350 bei der Brauerei Ketterer

Typ 250 Kastenwagen mit 40/45 PS-Vergasermotor

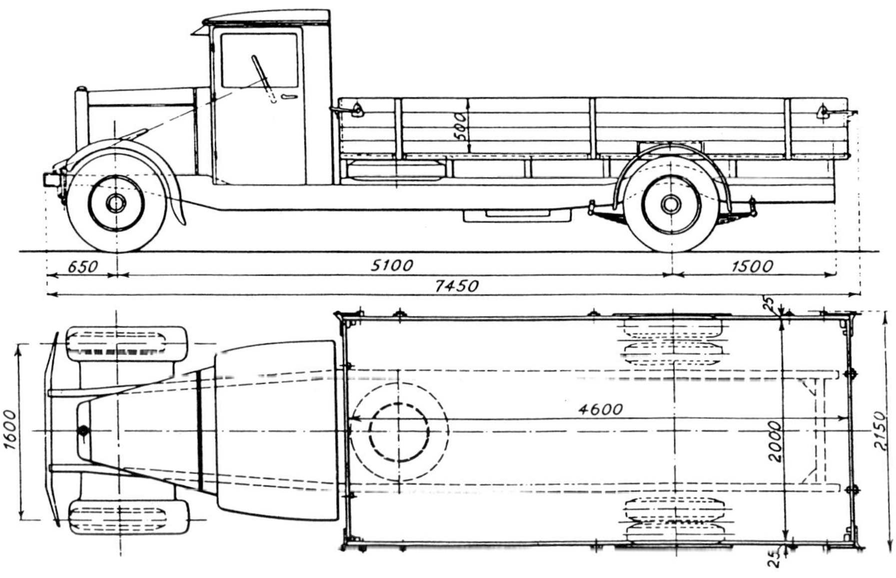

Maßzeichnung Typ 300

Die Leichtlastwagen von Büssing-NAG tragen eindeutig noch die Handschrift der Leipziger Konstrukteure. Der Vierzylinder-Vergasermotor in den Reihen 150, 200 und 250 ist ein ausgesprochener Langsamläufer, der seine Höchstleistung von 45 PS bei 2000 Umdrehungen entfaltet. Beim Fahrgestell haben die NAG-Leute einen anderen Weg beschritten, als sonst bei leichten Lastwagen der Zeit üblich. Sie gingen nicht von einer Pkw-Konstruktion aus und verstärkten sie entsprechend der höheren Belastung, sondern lasteten ein bestehendes Lkw-Fahrgestell ab. So besitzt der Rahmen fischbauchförmige Längsträger. Schubkräfte werden nutzfahrzeuggemäß durch ein abgestütztes Kardanschubrohr und eine Schubkugel übertragen.

Typ 300 Dreitonner mit 70/80 PS-Vergasermotor

275, 300 (Vergaser)

Motor	Typ L Benzin
Zylinder	6
Leistung PS	70
Max.Drehzahl U/min	2500
Hubraum ccm	3962
Bohrung mm	84
Hub mm	120
Getriebe	4-Gang
Radstand mm	4500
Nutzlast t ca.	3,0

350, 375, DS (Diesel)

Motor	Typ LD 6 Diesel
Zylinder	6
Leistung PS	90/95
Max.Drehzahl U/min	2000
Hubraum ccm	7412
Bohrung mm	110
Hub mm	130
Getriebe	4-Gang
Radstand mm	4700 o. 5300
DS Sattelschlepper	3800
Nutzlast t ca.	3,5

350 (Vergaser)

Motor	Typ Maybach OS 7 Benzin
Zylinder	6
Leistung PS	70/80
Max.Drehzahl U/min	1600
Hubraum ccm	6995
Bohrung mm	94
Hub mm	168
Getriebe	4-Gang
Radstand mm	4500 o. 5100
Nutzlast t ca.	3,5

Ausgehend von den Erfahrungen mit der 6 Zylinder-Einheit entwickelt Büssing Anfang 1932 auch einen Vierzylinder-Diesel für den Einsatz in den leichten Lastwagen der NAG-Reihe. Er arbeitet ebenfalls nach dem Vorkammerprinzip und besitzt bei 110 mm Bohrung und 130 mm Hub einen Hubraum von 4,85 Litern. Bei Drehzahlen von 1800-2000 pro Minute bringt die Maschine 60 bzw. 70 PS. Eingebaut wird er in die Modelle 250, 275 und 300. Im Baukastensystem entsteht aus diesem Motor auch ein Sechszylinder mit gleichen Zylindermaßen und 7,4 Litern Hubraum. Bei 2000 bis 2200 Umdrehungen leistet dieser 85 bzw. 90 PS.

Typ 350 mit kurzem Radstand (oben), Typ 250 Diesel Kipper (Mitte) und Typ 350 Lieferwagen (unten)

Typ 350 Diesel als Auslieferungswagen der Berliner Kindl-Brauerei (oben) und Typ 350 Diesel der Deutschen Reichsbahn (unten)

25 L, Burglöwe 25 L

Motor	Typ G Benzin
Zylinder	4
Leistung PS	65
Max.Drehzahl U/min	2000
Hubraum ccm	3922
Bohrung mm	98
Hub mm	130
Radstand mm	4700
Nutzlast t ca.	2,5

250, 260, 275, 285, 300, SS (Diesel)

Motor	Typ LD 4 Diesel
Zylinder	4
Leistung PS	60/65
Max.Drehzahl U/min	2200
Hubraum ccm	4942
Bohrung mm	110
Hub mm	130
Getriebe	4-Gang
Radstand mm	
250	4100
260	4250
275, 285	4500
300	4500 o. 5100
SS Sattelschlepper	3500 o. 4350
Nutzlast t ca.	2,5 - 3,0

G 31 (6x4)

Motor	Typ G Benzin
Zylinder	4
Leistung PS	65
Max.Drehzahl U/min	2000
Hubraum ccm	3922
Bohrung mm	98
Hub mm	130
Radstand mm	2715 + 950
Nutzlast t ca.	1,5

Typ 350 Diesel mit Aufbau von Thiele, Bremen

Der Motortyp LD 6 mit Vorkammer und Schußkanal nach Körting sorgt für eine gute Durchwirbelung des Gasgemisches und eine optimale Verbrennung. Zum Einbau kommt er im Typ 350 mit der NAG-Formgebung. Wahlweise kann dieser Lastwagen aber immer noch mit einem Vergasermotor geliefert werden, nämlich dem 7 Liter-Sechszylinder OS 7 aus dem

Typ 350 Sprengwagen mit 85/90 PS Sechszylinder-Diesel

Hause Maybach mit 70/80 PS. Eine Besonderheit stellt ein extra schnelles Fahrzeug in der mittleren Baureihe dar, das 1932 im Programm erscheint. Für Einsatzzwekke, bei denen an die Leistung und die Reisegeschwindigkeit besonders hohe Ansprüche gestellt werden, d.h. bei Omnibussen, aber auch bei Lastwagen im Soloverkehr mit besonderen Aufbauten, bietet Büssing den Typ 400 mit V8-Vergasermotor, Eine Leistung von bis zu 155 PS gibt eine Spitzengeschwindigkeit von 100 km/h. Das Tiefrahmenfahrgestell weist über beiden Achsen durchgekröpfte Längsträger auf.

350, 375, 400 (Vergaser V 8)

Motor	Typ L 8 V Benzin
Zylinder	V 8
Leistung PS	150/155
Max.Drehzahl U/min	2000
Hubraum ccm	7913
Bohrung mm	107
Hub mm	110
Getriebe	4-Gang
Radstand mm	
350, 375	4350 o. 4950
400	5750
Nutzlast t ca.	4,0

305 (Diesel)

Motor	Typ LD 5 Diesel
Zylinder	5
Leistung PS	80
Max.Drehzahl U/min	2000
Hubraum ccm	6177
Bohrung mm	110
Hub mm	130
Radstand mm	4700 o. 5300
250	4100
260	4250
275, 285	4500
300	4500 o. 5100
Nutzlast t ca.	3,0

Typ 400 mit 150 PS V 8-Vergasermotor

Typ 350 Diesel mit 6 Zylinder LD 6-Motor (oben) und Typ 350 Möbelwagen (unten)

Sattelschlepper SS mit 60/65 PS Vierzylinder-Diesel LD 4

Eine Vierradbremse mit Saugluftsystem ist mit einer auf besondere Bremstrommeln an der Hinterachse wirkenden Handbremse kombiniert. So umfaßt das Leichtlastwagen-Programm von 1931 die Typen 15 mit 1,5 t Nutzlast, 20 mit 2 t , 25 mit mit 2,5 t und 30 mit 3 t.Ausgehend von den ehemaligen Komnick-Straßenschleppern entwickelt Büssing diese flexible Fahrzeugbauart weiter. Bei dem Eilschlepper ES arbeitet unter der NAG-Haube der Vierzylinder-Diesel GD 4 mit 85 PS. Mit zwei Anhängern mit insgesamt 15 t Nutzlast im Schlepp erreicht der ES im direkten Gang des Vierganggetriebes eine Höchstgeschwindigkeit zwischen 33 und 42 km/h je nach Hinterachsuntersetzung. Mit 45 km/h noch schneller ist der Fernschlepper FS 550 mit dem 110/120 PS starken Sechszylinder-Diesel des Typs FD 6. Die stärkste Zugmaschine ist der FS 650 mit 135/145 PS-Maschine bzw. der Typ FS 654 mit Allradantrieb. Im Baugewerbe, im Brauereibetrieb und bei Möbelspeditionen erfreut der Eilschlepper seinen Besitzer durch günstigere Steuertarife. Sie liegen für eine "Zugmaschine ohne Güterladeraum" bei 20 RM je 200 kg Eigengewicht im Gegensatz zu 30 RM für normale Lastwagen. Anhänger hinter dem Schlepper sind steuerfrei.

Als Weiterentwicklung der Eilschlepper bietet Büssing eine breite Palette von Sattelschlepper-Fahrgestellen, auch diese eine Folge der Steuergesetze. Bei der Steuerberechnung wird beim Sattelschlepper nur das Gewicht des Zugwagens mit aufgesatteltem leeren Anhänger zugrundegelegt, beim Lastwagen hingegen das Gesamtzuggewicht.

Sattelschlepper SS mit LD 4-Diesel und Busauflieger

Sattelschlepper WG von 1934 mit 3 Zylinder-Diesel LD 3 (40/45 PS)

Im Programm stehen die Typen WG mit Dreizylinder-Diesel (40/45 PS), SS mit Vierzylinder-Diesel (60/65 PS) und der Sechszylinder-Typ DS mit 90/95 PS. Wahlweise können auch Benzinmotoren geliefert werden. Alle Sattelschlepper werden mit einer Bosch-Dewandre-Saugluftbremse ausgerüstet, auf Wunsch auch mit einer Knorr Druckluftbremse.

Eilschlepper ES mit 85 PS Vierzylinder-Diesel GD 4 (oben) und Sattelschlepper DS mit 90/95 PS-Diesel, Anhänger von Blumhardt, Wuppertal (unten)

G 31 im zivilen Einsatz als Abschleppwagen beim Bergen eines havarierten Dürkopp-Lastwagens

Da die Reichswehr ihren überalterten Fuhrpark allmählich wieder aufbaut, entsinnt man sich bei Büssing der guten Kontakte mit Militärbehörden vor und während des Ersten Weltkrieges. So entwickelt man für diesen "Kunden" ein geländegängiges Dreiachsfahrgestell, das unter der Typbezeichnung G 31 im Jahre 1931 der Öffentlichkeit vorgestellt wird. Der zehnfach bereifte Lastwagen mit einem Radstand von 2720 + 950 mm bringt ein Gewicht von 3,1 t auf die Waage, so daß nur 1,5 t Nutzlast übrigbleiben.

3 GL 6 (6x4)

Motor	Typ C 4 Benzin
Zylinder	6
Leistung PS	80/90
Max.Drehzahl U/min	1200
Hubraum ccm	9350
Bohrung mm	115
Hub mm	150
Getriebe	4-Gang + Geländegang
Radstand mm	3900 + 1250

1,5 Tonner G 31 6x4 von 1934 für den militärischen Gebrauch

Unter der dem Leichtlastwagenprogramm entlehnten Haube arbeitet ein Vierzylinder-Motor mit Solex-Vergaser, der aus 3920 ccm Hubraum 65 PS herausholt. Beide Hinterachsen sind angetrieben. Die Geländefähigkeit wird durch zwei Sperrdifferentiale unterstützt. Die Reichswehr erhält in der Folge etwa 2300 Exemplare des G 31, aufgebaut u.a. auch als Panzerspähwagen. In geringerer Stückzahl (ca. 300 Einheiten) nimmt die Reichswehr das größere Geländewagen-Modell ab, den Typ 3 GL 6 für 3 t

Nutzlast. Mit 6 Zylinder-Vergasermotor und 90 PS besitzt er die traditionelle Büssing-Front mit Elementenkühler. Die beiden angetriebenen Hinterachsen sind mit Zwillingsbereifung ausgestattet.

Während die leichten und mittleren Fahrzeuge mit ihren eckigen, steil aufragenden Kabinen mit seitlichen Kurbelfenstern auch äußerlich eindeutig einer anderen Familie angehören, werden die ab 4 Tonnen Nutzlast anschließenden Büssing-Wagen optisch weitgehend unverändert angeboten, mit ihrem markanten sechsteiligen Elementenkühler an der Front. Unter der Haube hat sich seit der Fusion jedoch einiges getan. MAN und Daimler als Vorreiter des Dieselmotors in Nutzfahrzeugen sind bereits seit längerer Zeit im Markt vertreten, während die Ingenieure in Braunschweig getreu dem alten

6x4-Dreiachser 3 GL 6 für die Reichswehr

Typ 401 mit 90 PS-Diesel LD 6

Belgischer Typ 50 Fünftonner

Büssing-Prinzip zunächst verhalten taktieren und verschiedene Lösungen mit Selbstzündern austesten. Seit 1930 gibt es einen Sechszylinder-Diesel, der sich im harten Testbetrieb so gut bewährt, daß er ab der Berliner Automobilausstellung 1932 in das reguläre Verkaufsprogramm vom Viertonner bis zum Sechsradwagen (Typbezeichnungen 40, 50 und 80) aufgenommen wird. Büssing hat sich für das Vorkammerprinzip nach System Körting mit besonders langem Schußkanal entschieden, da man von diesem Prinzip die höchste Wirtschaftlichkeit erwartet. 125 mm Bohrung und 170 mm Hub ergeben einen Zylinderinhalt von insgesamt 12,5 Liter für den Sechszylinder. 100 PS Dauerleistung und 110 PS Höchstleistung werden angegeben.

1933 wird erstmals ein 6,5 Tonner mit Allradantrieb vorgestellt. Es wird zwar betont, daß dieser vor allem aufgrund der besonderen Bedürfnisse von Kunden in unwegsamen Exportregionen entstanden ist, doch wird im Jahre 1933, dem Jahr der Machtergrei-

Typ 401 mit 90 PS LD 6-Diesel

Typ 502 5,5 t mit FD 6-Diesel vor den Mühlenwerken Kiesekamp in der Nähe des Münsteraner Hafens (oben) und Typ 502 5,5 t Kipper mit 110 PS FD 6-Diesel (unten)

fung Hitlers, auch schon eine mögliche militärische Verwendung in den Hinterköpfen gewesen sein. Der Typ 504, weiterentwickelt aus dem Typ 500/502 mit 110/120 PS leistendem 12,5 Liter-Sechszylinder-Diesel, besitzt die 135/140 PS-Maschine mit 13,5 Litern Hubraum, die ansonsten vorwiegend für den Dreiachser 801/802 zum Einsatz kommt.

Typ 50 Kipper mit Holzgasgenerator

Die Antriebskraft wird über eine elastische Zweischeibenkupplung und Gummi-Kardangelenke auf das Viergang-Schaltgetriebe

Typ 504 Allrad mit GD 6-Diesel

übertragen. Durch ein zusätzliches Schnellganggetriebe wird die Geschwindigkeit im direkten Gang um 48 % auf ca. 60 km/h gesteigert. An das normale Schaltgetriebe schließt sich ein Verteilergetriebe mit selbstsperrendem Differential an. Wartungslose Gummi-Kardangelenke übertragen die Kraft auf Vorder- und Hinterachse. Die Achskörper sind aus hochwertigem Stahl gezogen und als Banjo-Achsen ausgebildet. Für den deutschen Kunden wird der Allradler interessant, da die neue Gesetzgebung bei einem zulässigen Gesamtgewicht von 13 t nur eine Achslast von 8 t auf den Antriebsrädern genehmigt, was bei schwerem Anhängerbetrieb zum Durchdrehen der Antriebsräder führen kann.

Aufgrund einer Neufassung der Straßenverkehrsgesetze, die auch schwerere Fahrzeuge auf zwei Achsen neu zuläßt, erweitert Büssing-NAG 1935 sein 5Tonner-Programm aus der Baureihe 500 um zusätzliche Varianten mit Nutzlasten von wahlweise 5, 5,5 oder 6,5 Tonnen. Während die beiden leichteren Modelle den Sechszylindermotor FD 6 aus dem bisherigen Typ 500 mit 110/120 PS behalten, wird der 6,5 Tonner aus der neuen Reihe 502 mit dem 135/145 PS leistenden GD 6 ausgestattet.

Typ 502 6,5 t Fernlastwagen mit Käßbohrer-Aufbau. Vier seitliche Lüftungsklappen an der Haube weisen auf den GD 6-Diesel hin, während bei fünf Öffnungen der FD 6-Motor installiert ist

Typ 500 Holzgaswagen für die Deutsche Reichsbahn (oben) und Typ 502 N Niederrahmenfahrgestell mit GD 6 Diesel (unten)

40, 50, 500 (Vergaser)

Motor	Typ C 4 Benzin
Zylinder	6
Leistung PS	80/90
Max.Drehzahl U/min	1200
Hubraum ccm	9350
Bohrung mm	115
Hub mm	150
Getriebe	4-Gang
Radstand mm	
40	4700 o. 5300
50	4200 o. 5000
Nutzlast t ca.	
40	4,0
50	5,0

500, 502 5,0 t/5,5 t, 550 (Diesel), FS 550 Fernschlepper

Motor	Typ FD 6 Diesel
Zylinder	6
Leistung PS	110/120
Max.Drehzahl U/min	1500
Hubraum ccm	12517
Bohrung mm	125
Hub mm	170
Getriebe	4-Gang
Radstand mm	
500	4200 o. 4600 o. 5200
502 , 550	4500 o. 4800 o. 5100
FS 550	4100
Nutzlast t ca.	5,0 - 5,5

401

Motor	Typ LD 6 Diesel
Zylinder	6
Leistung PS	90/95
Max.Drehzahl U/min	2000
Hubraum ccm	7412
Bohrung mm	110
Hub mm	130
Getriebe	4-Gang
Radstand mm	5000 o. 5300 o. 5500
Nutzlast t ca.	4,0

502 6,5 t, 650

Motor	Typ GD 6 Diesel
Zylinder	6
Leistung PS	135/140
Max.Drehzahl U/min	1600
Hubraum ccm	13539
Bohrung mm	130
Hub mm	170
Getriebe	4-Gang
Radstand mm	5300 o. 5600
Nutzlast t ca.	6,5

504, 654 Allrad

Motor	Typ GD 6 Diesel
Zylinder	6
Leistung PS	135/140
Max.Drehzahl U/min	1600
Hubraum ccm	13539
Bohrung mm	130
Hub mm	170
Getriebe	4-Gang mit Verteiler
Radstand mm	
504:	4700 o. 5000
654:	4300 o. 4700 o. 5100 o. 5500
Nutzlast t ca.	6,0-6,25

Typ 502 N Niederrahmenfahrgestell mit GD 6 Diesel

Typ 502 6,5 t mit GD 6 Diesel im Speditionseinsatz mit der typischen Rautenlinie an der Pritsche. Darunter derselbe Wagen, mitsamt Fahrer zum Einsatz bei der Luftwaffe dienstverpflichtet, irgendwo im Schlamm an der Ostfront. Das Fahrzeug kam nie wieder zu seinem eigentlichen Besitzer zurück

Typ 80 Dreiachser mit 110 PS für den Güterschnellverkehr über lange Distanzen (oben) und Typ 80 Diesel mit der "alten" Gestaltung der Haubenseiten, d.h. mit einer Doppelreihe von Lüftungsschlitzen

80 , 801 (Vergaser)

Motor	Typ D 2 Benzin
Zylinder	6
Leistung PS	100/110
Max.Drehzahl U/min	1200
Hubraum ccm	11780
Bohrung mm	125
Hub mm	160
Getriebe	4-Gang

80, 801 (Diesel)

Motor	Typ FD 6 Diesel
Zylinder	6
Leistung PS	105/110
Max.Drehzahl U/min	1300
Hubraum ccm	12500
Bohrung mm	125
Hub mm	170
Getriebe	4-Gang
Radstand mm	
	5525+1250 o. 5925 +1250

801, 802, 900 (Diesel)

Motor		Typ GD 6 Diesel
Zylinder		6
Leistung PS		135/145
Max.Drehzahl U/min		1600
Hubraum ccm		13539
Bohrung mm		130
Hub mm		170
Getriebe		4-Gang
Radstand mm		
801:	3130+1300 o.	3710+1300
	o. 4210+1300 o.	4610+1300
802:	4800+1450 o.	5200+1450
	o. 5600+1450 o.	6000+1450
900:	5100+1450 o.	5450+1450
	o. 5750+1450 o.	6050+1450
		o. 6300+1450

Abbildungen von oben nach unten:

Typ 802 Abschleppwagen mit kurzem Radstand

Uerdinger Großlastzug Bauart Jonkhoff mit Behältern für den Holztransport, ein "Road Train" von etwa 1936

8,5 Tonner-Typ 802 N Niederrahmenfahrgestell mit GD 6 Diesel von 1933

Typ 900 mit Käßbohrer-Aufbau

Typ 802 mit 145 PS GD 6 Diesel von 1935

Typ 802 mit Nachkriegsaufbau von Thiele, Bremen

Luxemburgischer 802 N mit GD 6 Diesel und darunter der Typ 900 Dreiseitenkipper mit GD 6 Diesel

Typ 802 N Niederrahmenfahrgestell. Die niedrigeren Ausführungen sind erkennbar an der weniger hoch aufragenden Haube und an den drei Lüftungsklappen anstelle von vier

Typ 802 N Niederrahmen-Möbelwagen (oben) und Typ 802 Sattelschlepper mit zusätzlichem Dreiachs-Anhänger (unten)

1935

Der Burglöwe

Bereits 1913 verwendet Heinrich Büssing den stilisierten Löwen als Markenzeichen. Er ist Symbol in vielfacher Hinsicht: das Vorbild steht auf einem Sockel vor der Braunschweiger Burg in Erinnerung an Heinrich den Löwen, stellt also die innige Verbundenheit der Büssing-Werke mit der Stadt, in der sie beheimatet sind, dar. Der Löwe steht auch als Sinnbild der Kraft, Treue und Zähigkeit, und so sollen sie sein, die Büssing-Lastwagen: kräftig, zuverlässig und widerstandsfähig. Der Löwe auch als imposanter König der Tierwelt - ebenso wie Heinrich Büssing und seine Nachfolger stets das Ziel vor Augen haben, Marktführer der Nutzfahrzeugbranche zu werden und es zu bleiben. Dieses Markensymbol, das so vieles in sich vereinigt, bleibt auch nach der Vereinigung mit der NAG bestehen, es überlebt sogar die Firma Büssing und wird noch heute von der MAN Nutzfahrzeuge AG - weniger im Gedenken an die übernommene Büssing-Tradition als vielmehr als Symbol der eigenen Stärke - an die Fronten der modernen MAN-Lastwagen montiert.

Als man 1935 eine neue Reihe von Leichtlastwagen präsentiert, tauft man diese auf den stolzen Namen "Burglöwe". So gibt man dem neuen Programm den Anstrich einer Neuentwicklung, obwohl es im Prinzip nur facegeliftete Weiterfüh-

Burglöwe Typ 15, Lieferwagen des Kaufhauses Karstadt in Braunschweig

Burglöwe 1,5 Tonner mit hinterer Einfachbereifung

Ein Burglöwe 2,5 Tonner wirbt für den "Führer", darunter ein Burglöwe 3 Tonner mit geänderter Frontgestaltung und dahinter ein Burglöwe 2 Tonner

rungen der bisherigen, aus dem NAG-Erbe stammenden Modelle sind. Die eckigen Kabinen, die senkrecht stehenden Windschutzscheiben und die kantigen Kühlerfronten wirken inzwischen antiquiert, so daß Büssing das Äußere einer kompletten Erneuerungskur unterzieht. Die Fahrerkabine mit abgerundeten Kanten bietet auf gepolsterten und mit Kunstleder bezogenen Sitzen drei Personen Platz. Der leicht schräg gestellte Kühler und die ebenso schräg stehenden Kühlrippen an der Haubenseite geben den neuen Burglöwen ein dynamischeres Aussehen. Die Längsträger des Fahrgestells sind fischbauchförmig ausgebildet. Eine servounterstützte Fußbremse wirkt auf alle vier Räder, die Handbremse zusätzlich als Bandbremse auf eine hinter dem Getriebe in die Kraftübertragung eingeschaltete Bremstrommel.

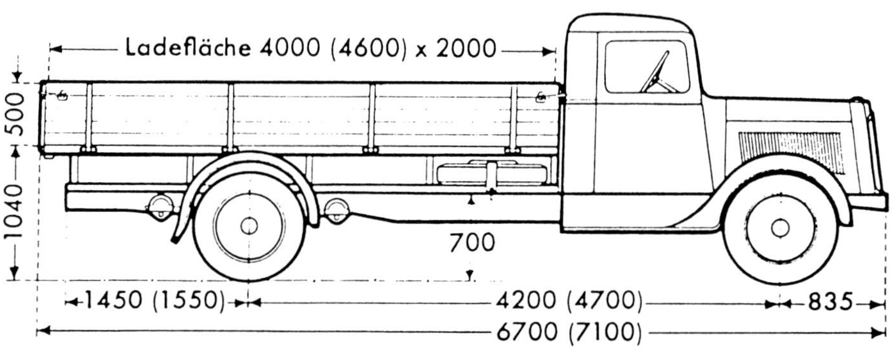

Burglöwe 2 Tonner der Berliner Kindl-Brauerei, Maßzeichnung Burglöwe 30/30 L (1936) und darunter ein Burglöwe von 1937 mit in die Kabine integriertem Wisco Holzkohlengaserzeuger

Motor, Einscheibenkupplung und das Vierganggetriebe bilden einen Block, der in drei Punkten auf Gummipolstern auf dem Rahmen liegt. Die Benzinmotoren sind die bewährten Antriebseinheiten aus der bisherigen Reihe. 45 PS leistet der Vierzylinder in den Typen Burglöwe 15, 20 und 25 mit 1,5 t, 2 t bzw. 2,5 t Nutzlast. Der Burglöwe Typ 25 L mit auf 4700 mm verlängertem Radstand ist der einzige mit der leistungsstärkeren Vierzylindermaschine mit 65 PS.

Vom grundlegenden Aussehen ähnelt der ebenfalls neue 3-Tonner aus der Burglöwe-Reihe seinen leichteren Brüdern. Bei genauerem Hinsehen stellt man jedoch eine veränderte, weiter vorn liegende Kühlerverkleidung fest sowie geschwungene, in die Trittbrettbereiche auslaufende Kotflügel. Die Haube muß länger ausfallen, da unter ihr ein Vergasermotor mit sechs in Reihe stehenden Zylindern wirkt, der mit 80 PS Maximalleistung antritt.

Ebenso wie bei den leichteren Modellen sind der 4 Liter-Motor, die Einscheibenkupplung und das Viergang-Getriebe zu einem Block zusammengefaßt.

Die IAMA Berlin, die Internationale Autombil- und Motorrad-Ausstellung des Jahres 1935, auf dem die neuen Burglöwen erstmals öffentlich präsentiert werden, bietet bei Büssing-NAG noch eine Reihe weiterer Überraschungen. Neben Verbesserungen am Steuerwellenantrieb aller Dieselmotoren der LD-Baureihe erscheint aus dem gleichen Baukasten mit gleichen Zylinderabmessungen ein 5 Zylinder-Diesel.

Im Hinblick auf die Bestrebungen, von ausländischen Rohstoffen unabhängig zu werden, hat Büssing auch einen Holzgasmotor entwikkelt, der mit hoher Kompression, Magnetzündung und Hilfsvergaser bei 1500 Umdrehungen eine Höchstleistung von 115-120 PS aus 13,5 Liter Hubraum produziert. Eine Sensation im Motorenbereich stellt der ebenfalls zur IAMA vorgestellte Doppelmotor des Typs FDO dar. Bei diesem liegen zwei Sechszylinder-Reihen nebeneinander. Vorgesehen ist die Maschine für Butangas-Betrieb mit einem zweistufigen Hoch- und Niederdruckgasregler. Die Kompressionswerte entsprechen denen einer Vergasermaschine.

Burglöwe 30 Dreitonner. Da die Haube länger ausfällt, ragt die Lenkung nicht mehr seitlich heraus wie bei den leichteren Modellen

Burglöwe 30 G in geländegeeigneter Ausführung

Burglöwe 2 Tonner von etwa 1937 als Kraftfahrspritze mit Aufbau von Koebe bei der Feuerlöschpolizei der Stadt Helmstedt

Burglöwe 20, 25 Diesel

Motor	Typ ZD 4 Diesel
Zylinder	4
Leistung PS	55
Max.Drehzahl U/min	2500
Hubraum ccm	3320
Bohrung mm	92
Hub mm	125
Radstand mm	
20	3700 o. 4000
25	4350 o. 4700
Nutzlast t ca.	2,0-2,5

Burglöwe 30 D, 260, 275, 285, 300

Motor	Typ LD 4 Diesel
Zylinder	4
Leistung PS	60/65
Max.Drehzahl U/min	2200
Hubraum ccm	4950
Bohrung mm	110
Hub mm	130
Getriebe	4-Gang
Radstand mm	
Burglöwe 30	4200 o. 4700
260, 275	4250
285, 300	4500
Nutzlast t ca.	2,6-3,0

Zur Berliner Automobilausstellung 1937 präsentiert Büssing einen neuen Vierzylinder-Diesel mit 55 PS. Der neue, ZD 4 genannte 3,32 Liter-Motor besitzt hängende Ventile im abnehmbaren Zylinderkopf. Die Zylinder-Laufbüchsen sind vom Kühlwasser umspült.

Weitere Kennzeichen des leichtgewichtigen Diesels sind langschäftige Leichtmetallkolben und die fünffach gelagerte Kurbelwelle. Zum Einsatz kommt die Maschine in den Schnellastwagen der Burg-löwe-Reihe mit 2 und 2,5 t Nutzlast. Auch einen Burglöwen mit einem hinter der Fahrerkabine in den Aufbau integrierten Wisco-Holzgaserzeuger zeigt Büssing anläßlich derselben Ausstellung.

Eine Lieferung von Burglöwe 30 für die Technische Nothilfe mit Aufbau von Metz, Karlsruhe (Eigengewicht: 4150 kg, Ladegewicht: 2650 kg, Gesamtgewicht: 6800 kg)

1936

Das neue Gesicht

"Es ist mehr als nur eine Äußerlichkeit oder etwa ein Zugeständnis an die zur Zeit gerade herrschende Moderichtung, wenn ein auf so ehrwürdiger Überlieferung aufbauendes Werk wie die Firma Büssing-NAG von der althergebrachten und in der ganzen Welt bekannten Kühlerform abgeht und seinen Wagen ein neues Gesicht gibt." So führt die Büssing-NAG 1936 die neuen Diesel-Lastwagen ein, die mit einer komplett neu gestalteten Kühlerfront erscheinen. Anstelle der rein funktionalen, unverkleideten Elementenkühler hat der Ingenieur Neumann-Neander eine formschöne Kühlerverkleidung ersonnen, die einerseits dem Zeitgeschmack entspricht, andererseits so zeitlos ist, daß sie bis in die sechziger Jahre für die Frontgestaltung der massigen Büssing-Wagen verwendet wird. Im internen Sprachgebrauch erhält sie die Namen "Büssing-Brosche" oder aufgrund ihrer vielen schmalen Chromrippen "Büssing-Spinne". Das neue Gesicht wird ab sofort für alle Diesellastwagen des Büssing-NAG-Programms verwendet, angefangen bei den winzigen 1,5- und 2 Tonnern 150 und 200 mit maximal 48 PS leistendem Dreizylinder-Diesel bis hin zu dem schweren Dreiachser der Baureihe 900. Allein die Burglöwe Benzin-Lastwagen-Reihe, die gerade im Vorjahr optisch verändert wurde,

Dreitonner mit 4 Zylinder-Diesel LD 4 und Aufbau von P. Bauer, Köln

Typ 200 mit Dreizylinder-Diesel LD 3

Vierzylinder-Diesel-Lastwagen späterer Ausführung (ca. 1938) mit flügelförmiger Gestaltung der Haubenseite

Baureihe 275/300 mit LD 4 Vierzylinder-Diesel

bleibt mit abweichender Frontgestaltung erhalten. Die Haubenseiten weisen bei den leichten und mittleren Diesel-Baureihen jetzt erstmals waagerechte Kühlungsschlitze auf, die mit ihrer unterschiedlichen Länge die Flügel eines Vogels nachahmen. Im Gegensatz zu den Büssing-Lastwagen der Zeit nach dem Zweiten Weltkrieg, bei denen diese Flügel ebenfalls auftauchen, gehen sie hier von der hinteren

Viertonner mit 80 PS und 5 Zylinder-Diesel

Haubenkante aus und laufen nach vorn unterschiedlich lang aus.

Zusammen mit der neuen Haube erhalten die neuen Büssing-NAG breitgewölbte Kotflügel in modisch fließenden Formen. Bei den Vier-, Fünf- und Sechszylinder-Typen (der Dreizylinder in den Büssing-untypischen Minimodellen verschwindet Ende 1937 zugunsten der Dieselmodelle aus der Burglöwe-Reihe) mit LD-Motoren und Nutzlasten bis zu 4 Tonnen sind Kotflügel und Stoßfänger zu einer Einheit zusammengefaßt. Die Fünfzylinder-Modelle mit LD-Motoren besitzen nur sieben Flügelrippen an den Haubenseiten, die Sechszylinder hingegen haben neun. Da die Motorisierung sich optisch ansonsten nicht niederschlägt, wird die Angabe der Zylinderzahl werksseitig in erhabenen

Oben: Eine Karawane von Vierzylinder-Lastwagen und einem Bus auf gleichem Fahrgestell in der Türkei. Unten: Alt und neu im Auslieferverkehr von Groterjan, Berlin (rechts der 5 Zylinder-Typ 350

Buchstaben auf die vorderen Stoßstangen geprägt. Bei den Typen mit GD-Motoren, die mit größeren Einbaumaßen auch eine längere und höhere Haube erfordern, stehen die Stoßstangenenden mit den Peilstangen frei. Die Scheinwerfer sind bei diesen auf den Stoßstangen montiert, während sie sich bei den mittleren Typen auf den Kotflügeln finden.

Nach Wegfall der Dreizylinder-Modelle beginnt die Diesel-Lastwagen-Palette des Modelljahrs 1937 mit den Vierzylinder-Typen 275 (2,75 t Nutzlast) und 300 (3 t). Mit geringerer möglicher Nutzlast wurden sie 1936 noch als 260 bzw. 285 angeboten. Alle besitzen den 5 Liter-Vorkammer-Diesel LD 4 mit 65 PS. Mit gleichen Konstruktionsmerkmalen und denselben Abmessungen der Einzelzylinder folgt eine Stufe höher der Fünfzylinder LD 5 mit 80 PS. Dieser kommt im 3,5 Tonner 350 zum Einsatz. Ebenfalls aus demselben Baukasten stammt der 95 PS leistende Sechszylinder LD 6, der im Viertonner-Typ 400 eingebaut wird. Auf besonderen Wunsch erhält der Viertonner auch einen 135/148 PS starken 8 Liter-Vergasermotor.

Typ 400 von 1935 mit 95 PS-Sechszylinder als Metz Drehleiter DL 30 für die Feuerlöschpolizei Leipzig (oben), Niederländischer Sattelschleppzug (Mitte) und Metz KS 25 Kraftspritze von 1937 mit 150 PS Vergasermotor, 300 l-Wassertank, einer Kabine für 10 Mann Besatzung und am Heck installierter Pumpe (unten)

350, 400 (1937)

Motor	Typ LD 5 Diesel
Zylinder	5
Leistung PS	80
Max.Drehzahl U/min	2000
Hubraum ccm	6174
Bohrung mm	110
Hub mm	130
Getriebe	4-Gang
Radstand mm	4700
Nutzlast t ca.	3,5

Typ 400 95 PS-Sechszylinder in früher Ausführung mit Scheinwerfern auf den Kotflügeln (oben) und Typ 400 Sechszylinder-Diesel mit Stabholzaufbau

Typ 400 von etwa 1938 mit 5 Zylinder-Diesel und Scheinwerfern auf der Stoßstange

Als Weiterentwicklung der bisherigen Baureihe 500/502 erhält auch der 5,5 Tonner-Typ 550 das neue Gesicht. Es ist neben dem entsprechenden Eilschlepper das einzige Büssing-Modell, das noch die alte FD 6-Maschine mit 110/120 PS aufweist.

Typ 400 Kipper mit 5 Zylinder-Diesel

400, 500

Motor	Typ LD 6 Diesel
Zylinder	6
Leistung PS	95
Max.Drehzahl U/min	2000
Hubraum ccm	7412
Bohrung mm	110
Hub mm	130
Getriebe	4-Gang
Radstand mm	4700 o. 5300
Nutzlast t ca.	4,0

ES Eilschlepper

Motor	Typ GD 4 Diesel
Zylinder	4
Leistung PS	85
Max.Drehzahl U/min	1500
Hubraum ccm	9026
Bohrung mm	130
Hub mm	170
Getriebe	4-Gang
Radstand mm	3000 o. 4000

Typ 500 mit Metz Drehleiter im Nachkriegseinsatz bei der Feuerwehr Braunschweig (rechts) und Typ 500 als Langeisentransporter (unten)

Typ 500 bei den Stadtwerken Braunschweig (oben) und Typ 500 Dreiseitenkipper (unten)

Typ 500 mit Niederrahmenfahrgestell; die Tarnscheinwerfer deuten auf einen Einsatz in den Zeiten des Zweiten Weltkrieges hin (oben) und Typ 500 im Brauereibetrieb (unten)

Die Nachfolge des bisherigen 6,5 Tonner-Modells aus der Reihe 502 tritt 1936 der neue Schwerlastwagen 650 an, der sich in der Folgezeit zum sehr beliebten Standardwagen der deutschen Fernverkehrsspeditionen entwickelt. Der Sechszylinder-Vorkammer-Diesel GD 6 leistet 135/145 PS, eine Kraftentfaltung, die einige Jahre zuvor noch als absolute Verschwendung abgetan wurde, nun aber aufgrund optimaler Ausnutzung des Kraftstoffverbrauches auch betriebswirtschaftlich Sinn macht. Bessere Straßenverhältnisse – die ersten Autobahnen sind im Bau – erfordern schnellere und damit stärkere Fahrzeuge.

Jeweils drei Zylinder des GD 6-Motors besitzen einen gemeinsamen Zylinderkopf, in dem die obenliegenden Ventile hängen. Die Kurbelwelle ist in sieben Stellen gelagert. Hinter der charakteristischen modernen Büssing-Spinne verbirgt sich der traditionelle Kühler mit sieben auswechselbaren Elementen. Motor, Zweischeibenkupplung und das Fünfgang-Getriebe sind zu einem Block zusammengefaßt und in drei Punkten auf Gummi im Rahmen gelagert. Der fünfte Gang ist als Schongang ausgelegt und ermöglicht eine Höchstgeschwindigkeit von 67 km/h.

Oben: Typ 500 Niederrahmenfahrgestell mit Ackermann Leichtmetall-Aufbau

Mitte: Typ 650 der Deutschen Reichspost mit Tankaufbau von REF, Stuttgart (heute Haller)

Unten: Typ 650 N Niederrahmen-Kastenwagen auf der Autobahn

Typ 650 Kastenwagen in Berlin (oben) und Typ 650 Fernlastzug mit zwei Anhängern (unten)

Typ 650 Dreiseitenkipper (oben) und Typ 650 mit Schwertransportanhänger (unten)

Die fischbauchförmigen Rahmenlängsträger sind an den besonders beanspruchten Stellen zusätzlich verstärkt. Die doppelt untersetzte Hinterachse ist in Banjo-Form ausgeführt. Rundum werden serienmäßig Trilex-Räder montiert. Die Fußbremse wirkt als Druckluft-Öldruck-Bremse auf alle vier Räder. Die feststellbare Handbremse ist als Getriebe-Innenbackenbremse ausgebildet. Ein Druckluftanschluß für den Anhängerbetrieb ist ab Werk vorgesehen. Nach Treten eines Pedals versorgt ein pumpenbetätigtes Schmiersystem alle schmierungsbedürftigen Stellen mit Gleitmitteln.

Der Typ 650 wird bei einem Radstand von 5300 mm mit einer 5 m langen Holzpritsche geliefert, mit verkürztem Radstand auch als

Typ 650 mit neuerer Haubenseitengestaltung (oben). Begegnung zweier Welten: Ochsengespann und Büssing-NAG 650 (unten)

Typ 650 Tankwagen

Typ 550 Sprengwagen der Stadt Halle, darunter der Typ 654 Allrad

Kipper. Der Preis für den kompletten 650 Pritschenwagen beläuft sich 1937 auf 22450 RM. Als Weiterentwicklung des bisherigen Typs 504 bietet Büssing den Allradwagen 654 mit dem GD 6-Diesel. Bei einem betriebsfertigen Eigengewicht von 6100 kg reduziert sich die Nutzlast auf etwa 6 t. Wahlweise wird das geländegängige Fahrzeug mit Radstand 4700 mm oder 5100 mm angeboten.

Ebenfalls das neue Gesicht erhält der Dreiachser, dessen Typbezeichnung entsprechend seiner

Typ 900 als Käßbohrer-Fernlastzug

Nutzlast von 9 - 9,5 t jetzt Typ 900 lautet. Durch eine veränderte Führung der Kardanwellen (noch immer treiben zwei separate Stränge die beiden Hinterachsen an) und eine Umgestaltung des Rahmens ist der Dreiachser inzwischen niedriger geworden und besitzt damit eine bessere Schwerpunktlage als die Urtypen des Sechsradwagens aus den zwanziger Jahren. Beibehalten ist aber immer noch die Einfachbereifung mit Riesenluftreifen der Dimension 13.50-22 an allen sechs Stahlgußspeichenrädern. Während

Kranaufbau von Spitzer, Mosbach auf Typ 900, darunter 25t-Kombination mit Typ 900 Zugmaschine in den Niederlanden (Aufbau. Ten Cate, Almelo)

Typ 900 mit Käßbohrer-Isolieraufbau

Typ 900 Isolierwagen auf der Berliner Automobilausstellung

der etwa 10 m lange Riese im 4. Gang des vom Motor getrennt angeordneten Stirnrädergetriebes eine normale Geschwindigkeit von 30 - 33 km/h erreicht, steigert sich die Maximalgeschwindigkeit auf etwa 50 - 58 km/h, sobald der 1:0,966 übersetzte Schnellgang dazugeschaltet wird. Für Langstreckeneinsätze liefert Büssing den Dreiachser auch mit dem 160/175 PS starken 14,6 Liter-Diesel.

Typ 900 mit Müllwagen-Aufbau von P. Bauer, Köln und Teha-Kippeinrichtung

Typ 900 mit Aufbau von Eylert, Wuppertal auf den Straßen des Nachkriegsdeutschlands (oben) und Käßbohrer Autokran KS 36 aus den fünfziger Jahren, aufgebaut auf einem Typ 900 aus der Vorkriegszeit (unten)

4 Zylinder-Eilschlepper ES beim Straßenbau in Münster (oben) und Eilschlepper ES vor dem Münsteraner Wasserturm (unten)

Als flexible Alternative zur normalen Motorwagen-Anhänger-Kombination ist in den dreißiger Jahren der Eilschlepper sehr populär. Er glänzt in Einsatzbereichen, wo der herkömmliche langsamfahrende Trecker als Straßenzugmaschine nicht mehr ausreicht, um zufriedenstellende Umlaufergebnisse zu erhalten. Büssing empfiehlt den Eilschlepper für den Zubringerdienst im Nahverkehr innerhalb eines Radius von etwa 100 km. Mit seiner Höchstgeschwindigkeit von 40 km/h (als sog. Fernschlepper sogar 48 km/h) wird der Schlepper zusammen mit zwei zweiachsigen Anhängern auch teilweise im Fernverkehr eingesetzt. Die gesamte Kombination kann dabei mit 15 t Nutzlast beladen werden. Für den Eilschlepper gibt es an den Ladestellen keine Wartezeiten wie für einen normalen Motorwagen. Im Pendelverkehr mit mehreren Anhängern kann die Zugmaschine während des Be- und Entladevorganges, der in der Regel noch in mühsamer Handarbeit erfolgt, schon mit einem inzwischen beladenen neuen Zug erneut auf Achse gehen.

Normal wird der Eilschlepper mit der Typbezeichnung ES mit dem Vierzylinder-Diesel GD 4 ausgerüstet. Aus 9026 ccm Hubraum holt dieser eine Leistung von 85 PS. Mit verstärkten Maschinen und entsprechend stabiler dimensionierten Fahrwerken und Kraftübertragungen gehen die Fernschlepper FS 550 mit dem aus dem Lastwagen 550 bekannten 6 Zylinder FD 6 (110/120 PS) und FS 650 mit dem

Eilschlepper ES mit neuer (oben) und älterer (unten) Haubengestaltung

Eilschlepper ES (langer Radstand) mit Dreiseitenkipper

Allrad-Schlepper FS 654

145 PS-Schlepper FS 654, 1938 geliefert an die Südmandschurische Eisenbahn

GD 6 und 135/145 PS an den Start. Mit Allradantrieb gibt es zudem den Typ FS 654. Gerade beim Allradwagen läßt sich die Motorleistung von 135/145 PS optimal in Vortrieb ohne Schlupfverluste umsetzen. So bestellt die Südmandschurische Eisenbahn einen 145 PS-Schlepper, um ihn zusammen mit vier oder fünf Personen- und Lastanhängern als "schienenlosen Zug" in ländlichen Gebieten der chinesischen Provinz einzusetzen.

1936 ergeben sich auch neue firmenpolitische Strukturen innerhalb der Holding-Gesellschaft für die Büssing-NAG Vereinigte Nutzkraftwagen-AG. Die Braunschweiger Muttergesellschaft Automobilwerke H. Büssing AG wird mit Wirkung vom 1. Dezember zu einer KG mit den persönlich haftenden Gesellschaftern Generaldirektor Dipl.Ing. Paul Werners und Direktor Rudolf Egger. Die Belegschaft der Werke umfaßt zu diesem Zeitpunkt 6551 Arbeiter und Angestellte.

FS 550 Fernschlepper

Motor	Typ FD 6 Diesel
Zylinder	6
Leistung PS	110/120
Max.Drehzahl U/min	1500
Hubraum ccm	12517
Bohrung mm	125
Hub mm	170
Getriebe	4-Gang
Radstand mm	4100

650, 654 Allrad, FS 650, FS 654, 900

Motor	Typ GD 6 Diesel
Zylinder	6
Leistung PS	135/145
Max.Drehzahl U/min	1500
Hubraum ccm	13500
Bohrung mm	130
Hub mm	170
Getriebe	4-Gang
	Allrad: mit Verteiler
Radstand mm	
650:	5300
654 Allrad:	4700 o. 5100
FS 650 Fernschlepper	4100
FS 654 Allrad-Fernschlepper	3625
900:	5450+1450 o. 5750+1450
Nutzlast t ca.	
650, 654:	6,5
900:	9,0

Oben: 4 Zylinder-Eilschlepper ES mit Radstand 4000 mm und 3 m-Pritsche (Anhänger von Christoph, Niesky/Oberlausitz). Unten: 4 Zylinder-Eilschlepper ES mit Busaufbau im Stadtverkehr Zeitz

1939

Typenbeschränkung und Kriegsvorbereitung

Noch ahnen die deutsche Bevölkerung und die Menschen in den benachbarten Regionen nicht, daß ihnen ein alles zerstörendes Inferno bevorsteht, daß Hitler und seine Berater anstreben, ihre Machtbereiche ins Unendliche auszudehnen, und dabei das Risiko eines Zweiten Weltkrieges heraufbeschwören. Daß ein solcher Krieg Deutschland von seinen Rohstofflieferanten abschneiden wird, ist aus den leidvollen Erfahrungen im vorhergehenden Kriege bekannt. So setzen die regierenden Machthaber alles daran, die Industrie und das Verkehrswesen kriegsbereit zu machen, das heißt, unabhängig von ausländischen Lieferungen. Dazu ist es notwendig, daß die Konstrukteure alle ihre Kraft einsetzen, neue Lösungen zu entwickeln, um Deutschland autark, also von keiner eventuell später einmal feindlichen Macht abhängig zu machen. Die Fahrzeugbauer sollen sich deshalb nicht mehr darin verzetteln, individuellen Kunden individuelle Angebote zu machen, sie sollen das produzieren, was dem deutschen Volke dient, oder vielmehr, was die Regierenden meinen, daß es für das Volk am wichtigsten sei.

Werbeanzeige der österreichischen Tochterfirma Fross-Büssing von 1940 (rechts) und Werbung für den Allradwagen von 1941 (unten)

Der erste Schritt auf diesem Wege ist eine Verordnung des Ministerpräsidenten Generalfeldmarschall Hermann Göring vom 2. März 1939 zur Typenbegrenzung in der Kraftfahrzeugindustrie. Als Generalbevollmächtigter für das Straßenwesen wird der Oberst im Generalstab von Schell eingesetzt, der sich eilends daran macht, das sog. "Schell-Programm" zu erarbeiten. Durch dieses werden allen Produzenten nur bestimmte Fahrzeugtypen zugewiesen. Büssing-NAG wird so beschränkt auf die Fertigung von Diesel-Lastwagen der Einheits-Nutzlastklassen 4,5 t und 6,5 t. Alle anderen Modellreihen und die Verwendung von Vergasermotoren werden der Firma damit untersagt.

Die österreichische A.Froß-Büssing K.G., die 1938 nach der Eingliederung des Nachbarlandes in das Deutsche Reich als bisheriger Lizenzbaupartner auf Druck der Regierung von Büssing übernommen wurde, stellt gemeinsam mit Faun, Krupp und der MAN einen weiteren Haupttyp der 6,5 t Nutzlastklasse mit Dieselmotor her. Als Anmerkung wird in den Text aufgenommen: "Den Firmen Büssing NAG Vereinigte Nutzkraftwagen AG und Henschel & Sohn G.m.b.H. wird die Herstellung eines Dreiachsfahrgestells für Großraumomnibusse nach einer zu vereinbarenden gemeinsamen Konstruktion zugestanden." Die Verordnung gilt für alle ab dem 1. Ja-

Ausstellungszug der Hitler-Jugend auf Frontlenker-Fahrgestell in Trambus-Ausführung mit stehender Maschine (oben), Typ 900 bei der Wehrmacht (Mitte) und Prototyp eines Allrad-Dreiachsers (unten)

nuar 1940 erstmalig zum Verkehr auf öffentlichen Straßen zugelassenen Kraftfahrzeuge.

Während die Modellpalette des Jahres 1938 noch ein breites Spektrum vom kleinen 2,5Tonner Burglöwe 25 bis zum 9 Tonner-Dreiachs-Typ 900 aufweist, reduziert sich das Angebot zu Beginn des Jahres 1939 schon beträchtlich. Neu hinzugekommen war 1937 ein 5 Tonner mit dem sechszylindrigen 95 PS-Diesel LD 6. Dieser Typ 500 dient Büssing als Basis für die Erfüllung des Plansolls im Bereich der 4,5 t-Klasse.

500 S, 500 A, 4500 S, 4500 A

Motor	Typ LD Diesel
Zylinder	6
Leistung PS	105
Max.Drehzahl U/min	1800
Hubraum ccm	7413
Bohrung mm	110
Hub mm	130
Getriebe	4-Gang
Radstand mm	
500 S	5000
500 A	4875
4500 S, 4500 A	4800
Nutzlast t ca.	4,5-4,75

4500 Allrad mit Meiller Hinterkipper (oben), 4500 A in Wehrmachtsausführung (Mitte) und Prototyp des Fahrgestells Typ 70 mit 140 PS Unterflur-Diesel

Anläßlich der Autoschau am Berliner Kaiserdamm verkündet Büssing die Steigerung der Motorleistung im Typ 500 von 95 PS auf 110 bis 120 PS, und zwar "lediglich durch Verbesserung der Wirbelung in den Verbrennungsräumen".

Tatsächlich sind es dann 105 PS, die die mit dem neuen Motortyp LD ausgestatteten, ab Dezember 1940 ausgelieferten Fünftonner-Lastwagen zum legendären 105er werden lassen. Zudem wird die Verdichtung von bislang 17,5 auf 18,5 erhöht, so daß der LD-Motor seine Höchstleistung bereits bei 1800 U/min erreicht, während der LD 6 für 95 PS 2000 Umdrehungen benötigte. Dr.Ing. Franz Zahren verbesserte die Brennräume, indem er drei Mulden im Kolbenboden passend zu den Strahlen des Kraftstoff-Luft-Gemisches aus der Vorkammer vorsieht.

Nach Abschluß der Hauptversammlung für das Geschäftsjahr 1940 scheidet der Vorstandsvorsitzende Dipl.Ing. Paul Werners 1941 auf eigenen Wunsch aus dem Firmenvorstand aus und wird durch Dr. Rudolf Egger ersetzt. Direktor Willy Staniewicz rückt als ordentliches Vorstandsmitglied nach, während Werners einen Platz im Aufsichtsrat erhält.

1941 wird die bislang noch nach dem Büssing-internen Typschema als 500 S (bzw. 500 A mit Allradantrieb) benannte Baureihe umgetauft in 4500 S bzw. 4500 A, um damit der nach dem Schell-Programm zugewiesenen 4,5 t-Einheits-Nutzlastklasse Rechnung zu tragen. Bei einem Eigengewicht von 5100 kg wird die Nutzlast ohne Plane und Spriegel mit 4750 kg für den hinterradgetriebenen Pritschenwagen 4500 S angegeben, während der Allradler 4500 A 5450 kg auf die Waage bringt und 4650 kg zuladen kann. Der Radstand beträgt für alle Modelle einheitlich 4800 mm. Im Laufe der Kriegsjahre werden die Rohstoffe immer knapper und die Büssing-Lastwagen zunehmend "entfeinert". Alle nicht unbedingt benötigten Einzelteile werden weggelassen, wie die allein zu Schmuckzwecken dienende Kühler-Brosche. Andere Teile werden durch die einfachst mögliche Lösung ersetzt, z.B. Stoßfänger, Kotflügel und Kabinenausstattung.

Büssing hat zwar schon 1940 einen unterflur in Fahrzeugmitte einbaubaren liegenden Sechszylinder-Reihendiesel fertig, der für einen Lastwagen der 7 Tonnen-Nutzlastklasse in bald erhofften Friedenszeiten vorgesehen ist, doch die Waffenruhe läßt noch lange auf sich warten. Zunächst müssen noch mit unzulänglichen Materialien, wenig oder kaum ausgebildeten Arbeitskräften - in zunehmender Zahl müssen Frauen und zwangsverpflichtete Fremdarbeiter die für den Frontdienst benötigten Männer an den Fließbändern ersetzen - und unter teilweise menschenunwürdigen Bedingungen in ungeheizten Fabriken Tausende von Lastwagen der 4,5 Tonnen-Klasse zusammengeschraubt werden. Da dies eine Standardklasse für die kämpfende Truppe ist und entsprechende Stückzahlen an allen Fronten gebraucht werden, muß sich Büssing bereits zu Beginn der Kampfhandlungen auf dieses einzige Modell konzentrieren und die zunächst zugesagte 6,5 Tonner-Fertigung anderen überlassen. Insgesamt werden bis zum Kriegsende 14813 Stück des 4,5 Tonners an die Wehrmacht ausgeliefert.

Prototyp eines 3,5 t Allradwagens mit 5 Zylinder-Diesel

Neben Lastwagen ist Büssing auch für die Fertigung von Halbketten-Zugmaschinen zuständig. Dem 1935 vorgestellten 5 t-Zugkraftwagen des Typs BN L 5 mit 90 PS-Maybach-Vergaser-Motor folgen die mit 100 PS-Maybach ausgestatteten Typen BN L 7 von 1936 und BN L 8 von 1938. Die Kriegsproduktion ab 1939 stützt sich bei Büssing-NAG auf den Typ BN 9 mit 115 PS starkem Benzin-

Mittlerer Halbkettenzugkraftwagen 5 t BN L 5 von 1938 im Gelände

Mittlerer Zugkraftwagen 5 t BN L 8 mit einem vorderen Triebrad, einen Leitrad und sechs Laufrädern

motor, wiederum von Maybach. Bei allen ist die lenkbare Vorderachse nicht angetrieben. Die Kraftübertragung erfolgt jeweils über die Kettenlaufwerke. Das Militär ist auch der Kunde für die ab 1935 produzierten leichten 1 Tonner-Zugkraftwagen der Typen D 7 und D 7 P. Alle Zugkraftwagen für den Wehrmachtsbedarf entstehen im ehemaligen NAG-Werk in Berlin-Oberschöneweide. Das Werk, das ab 1935 Fahrerhäuser und Pritschenaufbauten für die leichten Burglöwe-Lastwagen nach Braunschweig geliefert hatte, entwickelt sich während des Dritten Reiches zu einem Spezialisten für Kampfwagen. Neben den Halbkettenfahrzeugen werden hier auch ein Achtrad-Panzerspähwagen sowie leichte und mittlere Schützenpanzerwagen entwickelt und produziert.

In den letzten Kriegsjahren muß die Produktion aufgrund häufiger alliierter Luftangriffe auf eine Vielzahl von Auslagerungsbetrieben verteilt werden, zwischen denen die halbfertigen Produkte hin und her transportiert werden müssen. Immer wieder kommt es zu unvorhersehbaren Ausfällen. Dennoch wird - zwar in begrenztem Umfang - bis 1945 produziert, teilweise in nur notdürftig geflickten Anlagen.

Da die Versorgung mit Diesel-Treibstoff zunehmend problematisch wird, entwickelt Büssing 1941 auf der Basis des Typ 500 einen 4,5 Tonner für Holzgas-Betrieb. Der Sechszylinder-LD-Motor wird dabei beibehalten, jedoch wird der ursprüngliche Diesel zu einem Otto-Viertakter und leistet nunmehr bei 2000 U/min etwa 70 PS. Anstelle der Vorkammern und der Glühkerzen werden Blindeinsätze angebracht. Eine neue Ansaugleitung verteilt das Gasluftgemisch auf alle Zylinder. Die Zündkerzen befinden sich im Zylinderkopf. Die Zündanlage wird dort montiert, wo vorher die Einspritzpumpe ihren Platz hatte. Die notwendige Verdichtung von 1:8,5 wird durch Einbau geänderter Kolben erreicht. Für Noteinsätze kann der Motor mit Hilfsvergaser und einem 6 Liter fassenden Hilfskraftstoffbehälter kurzfristig mit normalem Benzin gefahren werden.

Büssing weist im Prospekt für den Holzgas-Wagen darauf hin, daß auch nach Ende der Kraftstoffrationierung ein auf Gasbetrieb umgestelltes Fahrzeug günstiger fahren könne als mit flüssigen Treibstoffen. Nach diesen Angaben entsprechen 3 kg Holz dem Preis von einem Liter Dieselöl. Mitsamt Gaserzeuger wiegt das Fahrgestell etwa 4550 kg und läßt eine Nutzlast von ca. 4,5 t zu.

Der Gasgenerator steht hinter der Fahrerkabine auf der rechten Fahrzeugseite, bei Pritschenwagen in einer Aussparung in der Ladefläche, beim Kipper vor der entsprechend kürzeren Kippbrücke. Daneben ist eine kleine Zusatzladefläche montiert, die den Holzvorrat aufnimmt.

Halbkettenzugmaschine mit vorgebauter Schneeschleuder im Einsatz auf deutschen Alpenpässen

Typ 500 4,5 Tonner mit Holzgasanlage (oben) und Meiller-Kipper auf Typ 500 4,5 t Holzgaswagen mit kriegsmäßigen Tarnscheinwerfern

1945

Wiederaufstieg aus den Trümmern

Fernfahrer der Nachkriegszeit mit 4500 S und zwei Anhängern

Im Verlauf des Zweiten Weltkrieges mit weit über Europa verteilten Kriegsschauplätzen zeigt sich, daß ohne Lastwagen kaum noch Kriege zu führen sind. Besonders die 4,5 Tonner aus dem Hause Büssing bewähren sich an allen Fronten. Um den Nachschub dieses kriegswichtigen Gutes zu unterbinden, fliegen die alliierten Bomberverbände einen Angriff nach dem anderen auf die Braunschweiger Werksanlagen. Nach zehn flächenhaften Bombardierungen liegt das Werk größtenteils in Trümmern. Verbogene Stahlgerippe der Dachkonstruktionen ragen in den Himmel, Maschinen und halbfertige Fahrzeuge sind bedeckt vom Schutt der umgestürzten und geborstenen Mauern, ein Bild der völligen Verwüstung. Kaum zu glauben, daß hier je wieder eine Fahrzeug-Fertigung aufgenommen werden könnte.

Am 10. April 1945 ziehen die amerikanischen Besatzungstruppen in Braunschweig ein, und schon am 18. April, als an anderen Stellen Deutschlands noch gekämpft wird, erhält das Büssing-Werk von der Militärregierung die Genehmigung zur Wiederaufnahme der Produktion. Doch welche Hindernisse stellen sich Generaldirektor Rudolf Egger-Büssing und ein paar Getreuen in den Weg, bis überhaupt etwas auf die Beine gestellt werden kann. Es gibt keine Infrastruktur, keine Verkehrsverbindungen, keine Energie, keine geregelte Rohstoffzufuhr. In der ganzen Stadt herrscht Unruhe: durchziehende Besatzungstruppen, die zuerst einmarschierenden Amerikaner werden durch Briten abgelöst, marodierende freigewordene ausländische Zwangsarbeiter, die fern ihrer Heimat in den Industrieanlagen Deutschlands schaffen mußten und nun nicht wissen wohin, ständig eintreffende Flüchtlingstrecks aus den Ostgebieten, die sich vor den russischen Truppen in Sicherheit bringen. Inmitten dieses Chaos lau-

4500 S der unmittelbaren Nachkriegsfertigung mit noch vielen Merkmalen der Kriegsproduktion, u.a. freistehende Einfachkotflügel

4500 S Tankwagen mit Einfachgrill (oben) und 4500 S Isolierwagen (unten)

4500 S der Nachkriegsproduktion mit Einfachgrill und fehlenden hinteren Kotflügeln (Anhänger von Hunger)

fen die gröbsten Aufräumarbeiten, und am 2. Mai 1945, dem Tag der Übergabe der Stadt Berlin an die Rote Armee, eine volle Woche vor der endgültigen Kapitulation des Dritten Reiches, verlassen bereits die ersten Lastwagen aus der Nachkriegs-Fertigung das Braunschweiger Werkstor.

Noch sind es improvisierte Kompositionen, zusammenmontiert aus Restbeständen, die irgendwo unter den Trümmern lagen oder die man schnellstmöglich aus irgendwelchen Auslagerungsbetrieben zusammenorganisiert hat. Es sind Lastwagen der Kriegsbaureihe 4500, in der Version, wie sie während der Zeiten der Rohstoffrationierung entstanden, ohne Stoßstangen, mit minimalen Kotflügeln über den Vorderrädern und mit frei stehenden Hinterrädern, mit spartanischen Fahrerkabinen und noch ohne den Schmuck der traditionellen Büssing-Spinne auf der Haubenfront.

4500 S der ersten "friedensmäßigen" Serie

Bevor die eigentliche Neuproduktion beginnen kann, müssen zunächst die Werkzeugmaschinen nach Braunschweig zurückgeholt werden. In den letzten Kriegstagen, als die kaum zu tarnenden Werksanlagen zu einer riesigen Zielscheibe alliierter Bomber geworden waren, waren sie verteilt an eine Vielzahl umliegender Standorte. Dort entstanden jeweils nur Einzelkomponenten, die in einer organisatorisch ungeheuer komplizierten und zeitlich aufwendigen Aktion zu fertigen Fahrzeugen montiert wurden.

Als man sich an die Aufräumarbeiten im Braunschweiger Werksgelände macht, erkennt man, daß Büssing, gemessen an anderen deutschen Automobilfabriken, noch relativ glimpflich davonge-

105er Fünftonner im Nachkriegsdeutschland

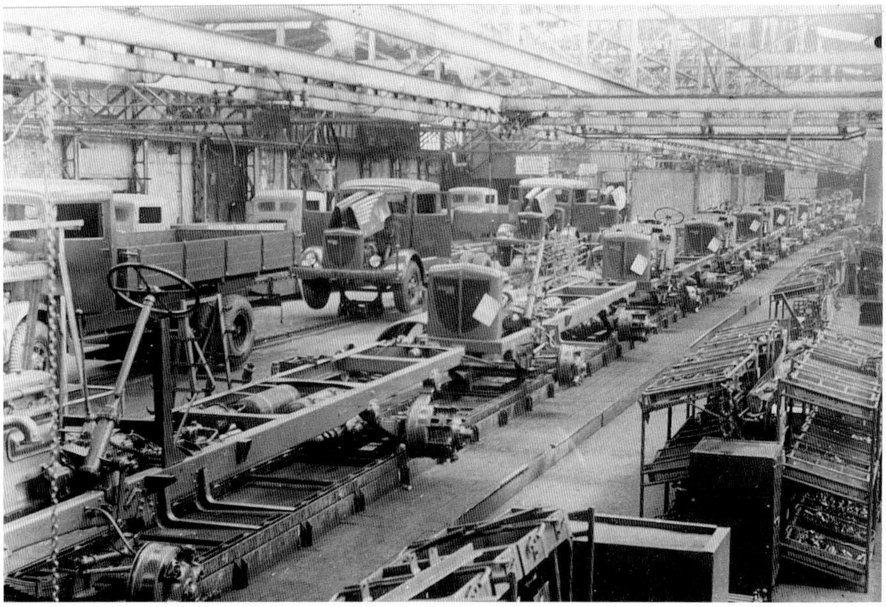

Fließbandprodutkion von 5000 S in der unmittelbaren Nachkriegszeit

kommen ist. Die Bombenschäden werden mit etwa 30 Prozent beziffert, weniger als in der ehemals so schönen Innenstadt Braunschweigs. Dennoch dauert es zwei Jahre, bis die Schäden an den Gebäuden einigermaßen behoben sind. Bis dahin arbeitet die verbliebene Belegschaft, verstärkt durch Flüchtlinge, die teilweise vor dem Kriege schon in den ostdeutschen, jetzt von Russen besetzten Büssing-Werken gearbeitet hatten, in nur notdürftig überdachten, ungeheizten Hallen, meist jedoch unter freiem Himmel. In den mechanischen Werkstätten organisieren sich die Maschinenbedienungen einige Blech- oder Stoffplanenabfälle, um daraus einen Schutz für sich und vor allem für die ihnen anvertraute Maschine zu basteln. Härteste Arbeit bei mangelhafter Ernährung, geplagt von den Sorgen um das nackte Überleben der Familie. Der zugebilligte Kaloriensatz, der meist nur auf dem Papier steht, reicht nicht aus, um eine hundertprozentige Arbeitsleistung zu erbringen. Auch mangelt es an wirklichen Facharbeitern, die sich mit den Maschinen auskennen. Sie sitzen noch irgendwo in Kriegsgefangenenlagern und warten auf ihre Rückkehr in die Heimat.

5000 S Fahrgestelle bei der Auslieferung im Braunschweiger Werk

5000 S

Motor	Typ LD Vorkammer-Diesel
Zylinder	6
Leistung PS	105
Max.Drehzahl U/min	1800
Hubraum ccm	7413
Bohrung mm	110
Hub mm	130
Getriebe	5-Gang-Stirnräder
Radstand mm	4800
Zul. Gesamtgewicht t	10,6

5000 S mit Kennzeichen von Lindau, dem französischen Besatzungsgebiet in Bayern

5000 S im Einsatz zur Versorgung der Berliner Bevölkerung mit Care-Paketen im Mai 1949 (oben) und 4500 S Holztransporter von 1948 mit Büssing-Spinne im Vorkriegs-Design

Und dennoch sind es 1800 Fahrzeuge, darunter 95 Trambusse, die in den verbleibenden acht Monaten des Jahres 1945 von der 300 Mann starken Belegschaft zusammengeschraubt werden. 1946 sind es nur noch 1700, davon 175 Trambusse. Die noch vorhandenen Komponenten sind aufgebraucht, neue kaum zu beschaffen, denn die traditionellen Zulieferbetriebe liegen teils selbst in Trümmern und können nicht produzieren. Andere frühere Lieferanten sind jetzt im innerdeutschen Ausland, in einer anderen Besatzungszone, mit der kein Handel möglich ist. Die Werke in Leipzig, Berlin und Elbing, die im Büssing-NAG-Produktionsverbund sich gegenseitig ergänzten, liegen im russischen Einflußgebiet und sind damit für Büssing verloren.

5000 S Dreiseitenkipper (oben) und 105er mit "entfeinerter" Haubengestaltung und Schörling Kehrmaschinenaufbau (unten)

5000 S Sattelschlepper in Spanien und 5000 S von 1950 (unten)

Um selbst hochwertige Spezialteile zu fertigen, fehlt es an ausreichenden Mengen an Rohstoffen. Metalle erhält man nur gegen Bezugsscheine, die auf langen Behördenwegen beantragt werden müssen. Als dann der Winter 1946/47 mit klirrender Kälte einzieht, reichen die minimalen Kohlezuteilungen nicht mehr aus. Eine Arbeit in den offenen Werksgebäuden ist nicht mehr möglich. So muß die Produktion für drei Monate ruhen. Ab Frühjahr 1947 geht es dann unaufhaltsam aufwärts, und bereits am 5. Mai 1949 rollt der 6000. Lastwagen der Nachkriegsfertigung vom Band. Der Nachholbedarf der Unternehmen im Nah- und Fernverkehr ist trotz massiver Anstrengungen kaum zu decken. Die Spediteure würden ihre letzten Spargroschen locker machen, wenn sie nur einen fabrikneuen Lastwagen bekommen könnten, der die "ausgenudelte Gurke" auf dem Hof ersetzt, die großteils noch aus der Zeit weit vor dem Zweiten Weltkrieg stammt und den mühsam ergatterten Treibstoff allzu großzügig in sich hineinschlürft. Alle kriegsverwendbaren Fahrzeuge mußten der kämpfenden Truppe "zur Verfügung gestellt" werden und liegen jetzt irgendwo zerschossen an den ehemaligen Frontlinien. Doch vor dem Kauf eines neuen Wagens steht die Verkehrsbehörde, die entsprechend der "Wichtigkeit" des Betriebes die Zuteilungen ver-

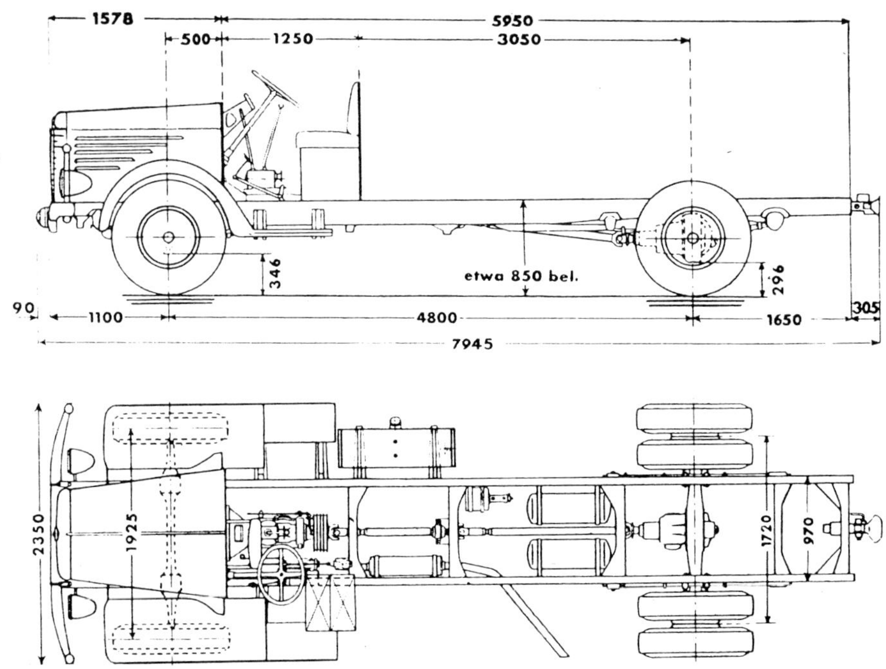

gibt. In der Nutzlastklasse um 5 Tonnen steht Büssing im Norden des in Besatzungszonen geteilten Deutschlands konkurrenzlos da, denn im Bereich der britischen Zone gibt es keinen weiteren Hersteller schwererer Fahrzeuge (Ford in Köln ist Spezialist für leichtere Klassen, ebenso wie die in der amerikanischen Enklave Bremen produzierende Firma Borgward, und Hanomag in Hannover beschränkt sich auf den Zugmaschinenbau). Der Handel zwischen den einzelnen Zonen hingegen ist so voller Hindernisse, daß man lieber im Heimatgebiet einkauft.

Nach dem Untergang des "Tausendjährigen Reiches" kann Büssing wieder auf seine traditionelle Typbezeichnung zurückkehren, die sich an der ungefähren Nutzlast der Fahrzeuge orientierte. Aus der bisherigen Typenreihe 4500 S und 4500 A der 4,5 Tonner-Standardklasse des Schell-Programms wird in der Friedensfertigung der Typ 5000 S (das A-Modell muß entfallen, da deutsche Betriebe keine kriegerischen Fahrzeuge mehr bauen sollen, und dazu gehören auf jeden Fall Allradwagen). Beibehalten wird der bewährte Sechszylinder-Diesel LD mit 7,4 Litern Hubraum und 105 PS bei 1800 U/min, der in vier Gummilagern im Rahmen aufgehängt ist. Das Werk gibt einen Kraftstoffverbrauch von 22 Litern auf 100 km an bei einem gleichzeitigen Ölverbrauch von etwa einem Liter. Die Kraft der Antriebseinheit fließt über eine Zweischeiben-Trockenkupplung zum Fünfgang-Getriebe, bei dem der 5.

5000 S mit Aufbau von Hesselbein, Braunschweig (oben), Maßzeichnung 5000 S von 1949 (Mitte) und 5000 S mit Stabholz-Aufbau von Moldenhauer, Recklinghausen (unten)

Metz Drehleiter DL 36 von 1949 für die Feuerwehr Berlin auf 5000 S, darunter: 5000 S Langeisenwagen mit seitlichen Schiebetüren, ganz unten: Kofferaufbau von Kiffe, Münster auf 5000 S

Gang als Schnell- oder Schongang ausgebildet ist.

Das kombinierte Druckluft-Öldruck-Bremssystem wirkt auf die Bremstrommeln aller vier Räder. Der Druckluft-Zusatz entlastet dabei den Fuß des Fahrers beim Tritt auf das Bremspedal. Selbsttätig stellen sich die Bremsen jeweils wieder auf Normalspiel ein. Als feststellbare Handbremse fungiert eine außen mit Kühlrippen versehene Bremstrommel, die unmittelbar hinter dem Getriebe in die Kraftübertragung eingeschaltet ist.

Nach und nach werden Ausstattung und Optik wieder "friedensmäßig". Die Wilhelm Karmann GmbH in Osnabrück wird ab 1947 in die Fertigung von Fahrerkabinen einbezogen. Die Büssing-Spinne ziert wieder die Haubenfront. Die Lüftungsschlitze an der Haubenseite mit ihrem Flügeldesign haben ihre Basis - dies im Unterschied zu den Vorkriegstypen - im Kühlerbereich und laufen zum Kotflügel hin unterschiedlich lang aus.

Parallel zum Lastwagentyp 5000 S läuft das Trambusfahrgestell 5000 T von den Braunschweiger Bändern. Da das Elbinger Karosseriewerk an die Russen verlorengegangen ist, steht Büssing ohne einen eigenen Aufbaubetrieb da. So werden die Fahrgestelle zum großen Teil bei Ludewig in Essen mit Busaufbauten versehen, finden aber auch Verwendung für spezielle Lastwagenversionen. Die besonders tiefe Schwerpunktlage des 5000 T wird erreicht durch über den Hinterachsen gekröpfte Längsträger und die tiefere Einbaulage von Motor und Triebwerk. Der Fahrersitz steht neben dem Motor unmittelbar hinter der Stirnwand des Fahrzeugs. Die Antriebseinheit mit 105 PS ist die gleiche wie beim Lkw 5000 S.

4500 T Trambusfahrgestell von 1948 mit Lastwagenaufbau von Hesselbein, Braunschweig

Großraum-Aufbau von Eduard Hesselbein auf 5000 T und Ackermann Leichtmetall-Aufbau auf 5000 T-Fahrgestell (unten)

Er ist wieder da - der Büssing-Schwerlastwagen

Vor dem Kriege war Büssing einer der führenden Hersteller von Schwerlastwagen in Deutschland gewesen und hatte diese auch in viele Exportmärkte verkauft. Im Rahmen der kriegsorientierten Fertigung durften die Braunschweiger die Produktion ihres 6,5 Tonner-Modells 650 nicht mehr weiterführen, obwohl dies noch im Schell-Plan von 1939 vorgesehen war.

7000 S mit Schenk Isolieraufbau (oben), 7000 S von 1949 (unten)

Der Typ 650 bildet die Basis für den neuen Typ 7000 S, mit dem die Büssing-NAG 1949 wieder in den Markt der Schwerfahrzeuge zurückkehrt. Gegenüber seinem Vorgänger ist er optisch etwas überarbeitet worden. Die Fahrerkabine wurde geräumiger. Die bislang frei stehende Abschleppöse in der Mitte der Stoßstange ist durch eine runde Blechkappe verkleidet. Unter der mächtigen Haube arbeitet jedoch weiterhin der bewährte Sechszylinder-Vorkammer-Diesel des Typs GD 6, der seine durch konstruktive Weiterentwicklung von 145 PS auf 150 PS gesteigerte Dauerleistung bei der niedrigen Drehzahl von 1500 erreicht. Als kurzzeitig mögliche Höchstleistung wird 170 PS angegeben.

Durch die technische Überarbeitung wurde der GD 6 auch sparsamer und kommt jetzt nach Werksangaben mit 26 Litern auf

Kässbohrer Fernlastzug mit 7000 S

100 km aus. Die Kraftreserve und große Elastizität der Maschine prädestiniert den 7000 S als Fernverkehrsfahrzeug für den Anhängerbetrieb. Motor und Getriebe sind als separate Einheiten jeweils auf drei Punkten im Rahmen gelagert und durch eine am Motor angeflanschte Zweischeiben-Kupplung und durch Gelenkwellen miteinander verbunden. Eine Kupplungsbremse erleichtert das Schalten. Von dem Viergang-Getriebe mit zusätzlichem Schnellgang führt eine weitere Gelenkwelle zu der doppelt übersetzten Hinterachse.

Zwei kräftige gerade Längsträger bilden das stabile Rückgrat, das für den Einsatz als motor-hydraulisch betriebener Dreiseiten-Kipper (mit verkürztem Radstand von 4900 mm) zusätzlich verstärkt wird.

Die Fußbremse wirkt als kombinierte Druckluft-Öldruck-Anlage auf alle Räder, die feststellbare Handbremse auf das Getriebe. Rundum werden Trilex-Räder montiert. Bei einem Gesamtzuggewicht von 36 t erreicht der 7000 S im Schnellgang eine Höchstgeschwindigkeit von 61 km/h . 29800 DM werden für den siebenfach be-

7000 S, 8000 S, 8000	
Motor	Typ GD 6
	Vorkammer-Diesel
Zylinder	6
Leistung PS	150
Max.Drehzahl U/min	1500
Hubraum ccm	13539
Bohrung mm	130
Hub mm	170
Getriebe	5-Gang-Stirnräder
Radstand mm	
Pritsche	5300
Kipper	4900
Sattelschlepper	4000
Zul. Gesamtgewicht t	
7000 S	14,7
8000 S, 8000	16,0

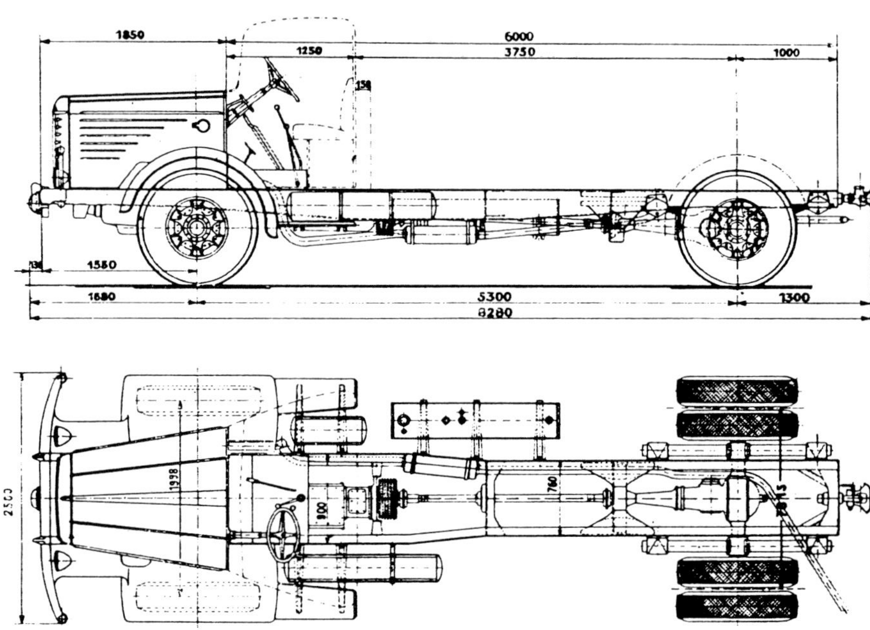

Maßzeichnung 7000 S (1949)

7000 S mit Ackermann Leichtmetallaufbau. Die Kühlerabdeckung sorgt für günstigere Betriebstemperaturen im Wintereinsatz (oben). 7000 S Lastzug von 1949 (unten)

reiften Pritschenwagen im Jahre 1949 verlangt.

Mehr Nutzlast (8155 kg bei einem Gesamtgewicht von 16 t für den Pritschenwagen) verspricht das Modell 1950 der Schwerlastwagenbaureihe. Entsprechend heißt die neue Typbezeichnung des Achttonners Typ 8000 S. Geblieben ist der 150 PS leistende GD 6-Motor und alle übrigen Konstruktionsmerkmale. Neben Pritschenwagen mit 5300 mm Radstand werden Kipper mit 4900 mm Achsabstand angeboten. Als besonders kurze Version mit 4000 mm gibt es zudem eine Satelzugmaschine aus der Baureihe 8000 S.

Mit Wirkung vom 1. Januar 1950 trennt sich die Büssing-NAG Vgte. Nutzkraftwagen AG wieder von ihrem langjährigen Partner AEG. Die von der AEG eingebrachten Werke aus dem NAG-Erbe sind allesamt im sowjetischen Einflußbereich und damit für den Lastwagen-Verbund verloren. Nach der einvernehmlichen Trennung heißt das neu entstandene Familienunternehmen "Büssing Nutzkraftwagen GmbH" mit Sitz in Braunschweig. Haftende Gesellschafter sind Paul Werners und Rudolf Egger, der 1950 von der niedersächsischen Landesregierung den erblichen Familiennamen Egger-Büssing verliehen bekommt.

Kässbohrer Thermoszug mit 7000 S Motorwagen (oben) und 7000 S mit Aufbau von Kramer, Gütersloh (unten)

7000 S Kipper in Württemberg, dahinter ein stark renovierter Büssing aus den dreißiger Jahren (oben). 8000 S Fernverkehrswagen mit Schwalbennest-Kabine (unten)

Metz Rüstkranwagen R 10 von 1952 auf Büssing 8000 für die Feuerwehr der Stadt Frankfurt mit Drehkran von bis zu 10 t Tragkraft und 3,5 m Ausladung. Hinten ist ein Motorspill für 4 t eingebaut und vorn eine Motorseilwinde mit 2,5 t Zugkraft. Für schwere Abschleppeinsätze befindet sich am hinteren Rahmenende eine gefederte Stützachse mit Gummirollen

7000 S Tankwagen mit Kleingebindestauraum in der verlängerten Kabine. Links: 8000 der Deutschen Bundesbahn mit Haus-zu-Haus-Containern

8000 Kipper (oben) und 8000 mit Ackermann Leichtmetall-Koffer (unten)

Ackermann Leichtmetall-Aufbau auf 8000 (oben) und 8000 mit Lebensmittelcontainern (unten)

Türkisches Werbeblatt für den 8000

Rechts von oben nach unten: Ackermann-Aufbau auf 8000, Schmitz Kesselwagen auf 8000 mit Schlafkabine und 8000 mit Aufbau von Schmitz, Altenberge

Mit der neuen Gesellschaftsstruktur verschwindet auch der Namensteil NAG von den Fronten der Fahrzeuge. Fortan ziert nur noch der Braunschweiger Burglöwe das Wappen der Firma. So kann man auch die Fahrzeuge der Modellreihen ab bzw. bis 1950 leicht datieren. Während der Typ 7000 S als Büssing-NAG verkauft wird, erscheint bei dem 8000 S nur noch der Büssing-Löwe auf dem Kühler.

Am 12. September 1950 verläßt bereits der 10 000. Büssing-Lastwagen der Nachkriegsproduktion das Montageband. Es ist ein 8000 S Pritschenwagen mit hohem Fernverkehrshaus. Zu dieser Feierstunde sind neben Honoratioren aus Politik und Wirtschaft auch alle im Ruhestand lebenden ehemaligen Mitarbeiter der Büssing-Werke eingeladen.

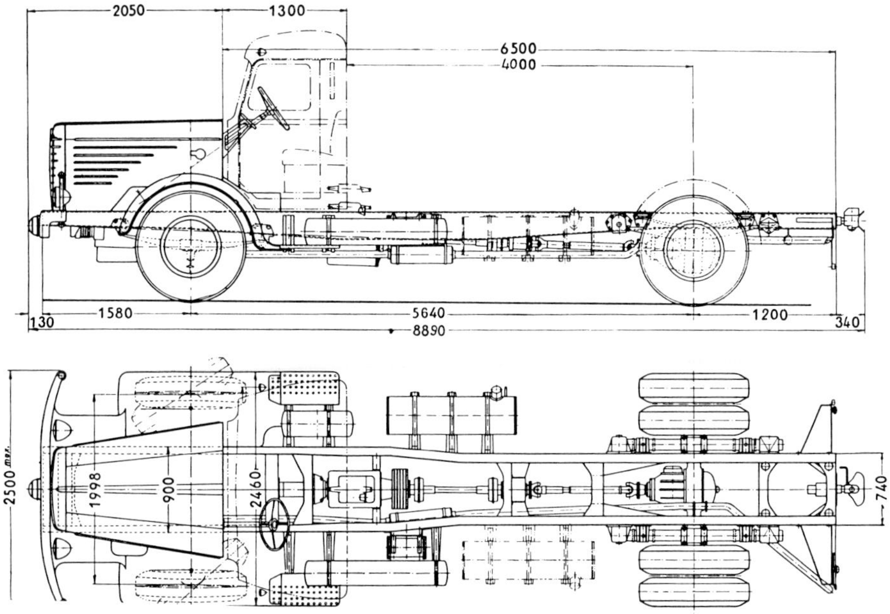

Maßzeichnung Typ 8000

1952 überarbeitet Büssing die Schwerlastwagen-Baureihe erstmals grundlegend. Obwohl der "Laster mit den Bärenkräften", wie ihn die Werbung noch 1950 stolz tituliert, mit seinen 150 PS auf den Autobahnen recht gut mithalten kann, gibt es inzwischen stärkere Kaliber auf dem Markt. Krupp bietet 210 PS im Titan, Kaelble 200 PS aus einem V 8-Diesel und FAUN erscheint mit 180 PS-Deutz-Maschine. Henschel experimentiert mit dem 2x95 PS starken Doppelmotor im Bimot.

Gleich 30 PS stärker als sein Vorgänger ist der neue Motor von 1952 mit der Typbezeichnung S 13. Das "S" bedeutet hier stehender Motor im Gegensatz zum inzwischen zur Serienreife entwickelten Unterflurmotor mit dem Kürzel "U". Da in der bisherigen Baureihen-Bezeichnung der Lastwagen das S noch traditionell für "Straßenausführung" und A für Allrad stand, heißt die Typbezeichnung für den Lastwagen nur noch 8000 (ohne S). Erst später schleicht sich das nachgestellte S wieder ein. Die Ziffer 13 im Motornamen gibt Auskunft über die 13 Liter Gesamthubraum in den sechs Zylindern. Bohrung und Hub sind somit identisch mit dem vorherigen Typ GD 6.

Die Leistungssteigerung geht auf das Konto einer leichten Heraufsetzung von Verdichtung und Drehzahl, vor allem aber wird sie erzielt durch ein neu entwickeltes Vorkammer-Verbrennungsverfahren. Drei Zylinderköpfe bedecken jeweils zwei in einem Gußkörper zusammengefaßte Zylinder mit auswechselbaren nassen Laufbuchsen. Nach Lösen von zehn Schraubenmuttern kann ein Zylinderpaar demontiert werden. Das Motorgehäuse ist ein einziger Block aus

8000 S 13 im Allgäu. Bei der Ausstattung mit der 180 PS-Maschine finden sich aus Symmetriegründen auch auf der rechten Haubenseite nur fünf Flügelstreifen anstelle von sechs bei den 150 PS-Modellen

8000 S 13 Kipper am Rhein (oben) und 8000 S 13 mit Schwalbennest-Schlafkabine (unten)

Großlieferung von 8000 Tankwagen für die Türkei mit Aufbauten von Ellinghaus, Beckum. Unten: Belgischer 8000 Sattelschlepper mit S 13-Diesel im Gebiet des Braunschweiger Büssing-Werkes

8000 S 13 in Export-Ausführung von 1955

Leichtmetall in einer Sonderlegierung. Die Einspritzpumpe wurde auf die Gehwegseite verlegt, um Störungen am Straßenrand ohne Gefährdung durch den zunehmend dichter werdenden vorbeifahrenden Verkehr beheben zu können.

Da die Maschine etwas länger ausfällt als beim Vorgängertyp, sind die neuen Büssing-Schwerlastwagen an einer um 9 cm längeren Haube zu erkennen. Sieht man das Fahrzeug von links, bemerkt man als optischen Unterschied auch eine weiter nach vorn ragende Lenkgetriebeabdeckung vor dem Kotfügel.

Der Radstand des Pritschenwagens verlängerte sich gegenüber der 150 PS-Reihe minimal um 4 cm. Das fünfgängige Wechselgetriebe, die Kupplung und die Hin-

8000 Thermoswagen mit S 13-Motor (oben) und 8000 S 13 mit Eylert-Auflieger im Einsatz in Frankreich (unten)

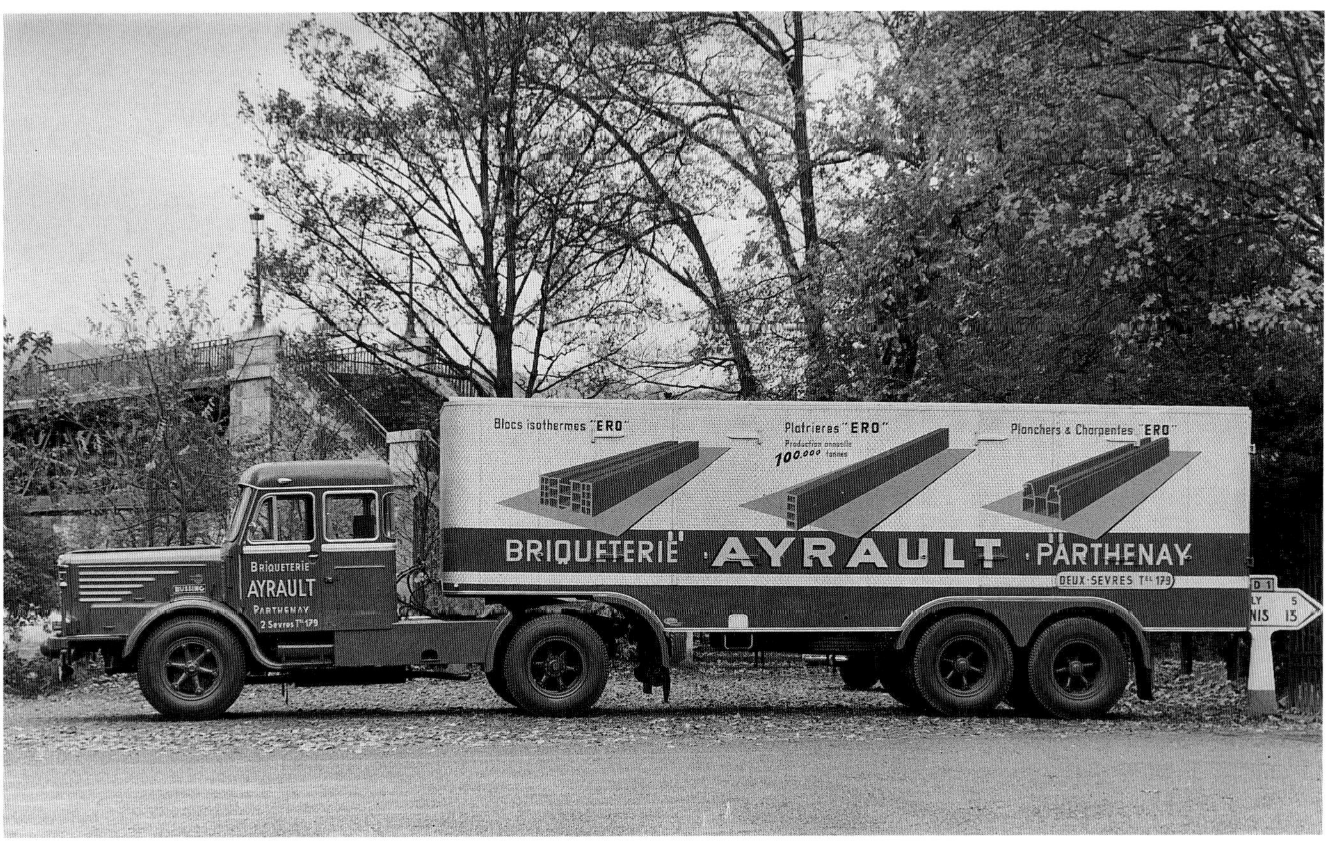

terachse sind hingegen gleichgeblieben, selbst die Übersetzungsstufen wurden trotz anderer Motorleistung beibehalten.

In der Kabine haben die Büssing-Techniker einiges für die Bequemlichkeit des Fahrers getan: sein Sitz ist jetzt sesselförmig ausgeführt und in der Längsrichtung verstellbar. Alternativ zum Normalfahrerhaus gibt es eine Kabine mit Schwalbennest-Schlafkoje oder eine verlängerte Ausführung, die wahlweise auch mit erhöhtem Dach mit Zielschildkasten und mit zusätzlichen Werkzeugstauboxen angeboten wird.

8000 S13

Motor	Typ S 13 Vorkammer-Diesel
Zylinder	6
Leistung PS	180
Max.Drehzahl U/min	1600
Hubraum ccm	13539
Bohrung mm	130
Hub mm	170
Getriebe	5-Gang-Stirnräder
Allrad:	mit 2-Gang-Verteiler
Radstand mm	
Pritsche	5340 o. 5640 (ab 1954: 5640 o. 5940)
Kipper	4940
Allrad-Pritsche	5250 (ab 1955: 5250 o. 4550)
Allrad-Kipper	5100
Sattelschlepper	4040
Zul. Gesamtgewicht t	16,0

Rechts von oben nach unten: 8000 S 13 Sattelschlepper mit Auflieger von Schölch, Kassel, 8000 von 1953 mit Schlafkabine und S 13-Maschine, 8000 S 13 Exportmodell 1955 mit Rechtslenkung und Meiller Hinterkipper

Neben dem Pritschenwagen mit 5,50 m langer Ladefläche bietet Büssing die 180 PS-Baureihe 8000 auch als Kipper und als Sattelzugmaschine mit jeweils kürzeren Radständen. Ein imposantes Monstrum mit massig aufragender Langhaube ist der Allradwagen der Reihe 8000, bei dem über einen Sonderschalthebel während der

8000 S 13 Kipper und Menck Seilbagger (oben) und 8000 mit S 13-Motor als Kässbohrer Zementsilo-Zug (unten)

8000 Allrad Mulden-Hinterkipper von 1953 mit Faltverdeck für den Einsatz auf einer Großbaustelle im Irak

8000 Allrad-Sattelschlepper

Fahrt der doppelt übersetzte Vorderradantrieb hinzu- oder abgeschaltet werden kann. Den geländegängigen Riesen gibt es mit 5250 mm Radstand für feste Aufbauten oder als Kipper mit einem Achsabstand von 5100 mm. Beim Allrad-Kipper wird das Fahrgestell verstärkt durch einen zusätzlich aufgesetzten Rahmen aus U-förmigen Preßprofilen, der den größten Teil der Hydraulikanlage aufnimmt. Im schweren Baustelleneinsatz wird der 8000 Allrad häufig mit einer Meiller Hinterkippmulde in Ganzstahlausführung verwendet.

8000 Allrad von 1955 als Zugmaschine mit Glogger-Winde

Da der Allradwagen im Verkehr außerhalb öffentlicher Straßen nicht den strengen Gewichts- und Längenbeschränkungen unterliegt wie die normalen Fernlastwagen, bleibt dieser Typ noch bis zum Ende der fünfziger Jahre im Lieferprogramm. Der langschnauzige, schwergewichtige Straßenlastwagen hingegen rechnet sich nach Einführung der "Seebohm-Verordnungen" für deutsche Spediteure betriebswirtschaftlich nicht mehr. Allein für Exportmärkte wird daher die Baureihe 8000 noch bis 1957 angeboten.

8000 S Allrad von 1955 für das Autobahnbauamt Nürnberg (oben) und Maßzeichnung 8000 S Allrad von 1955 (unten)

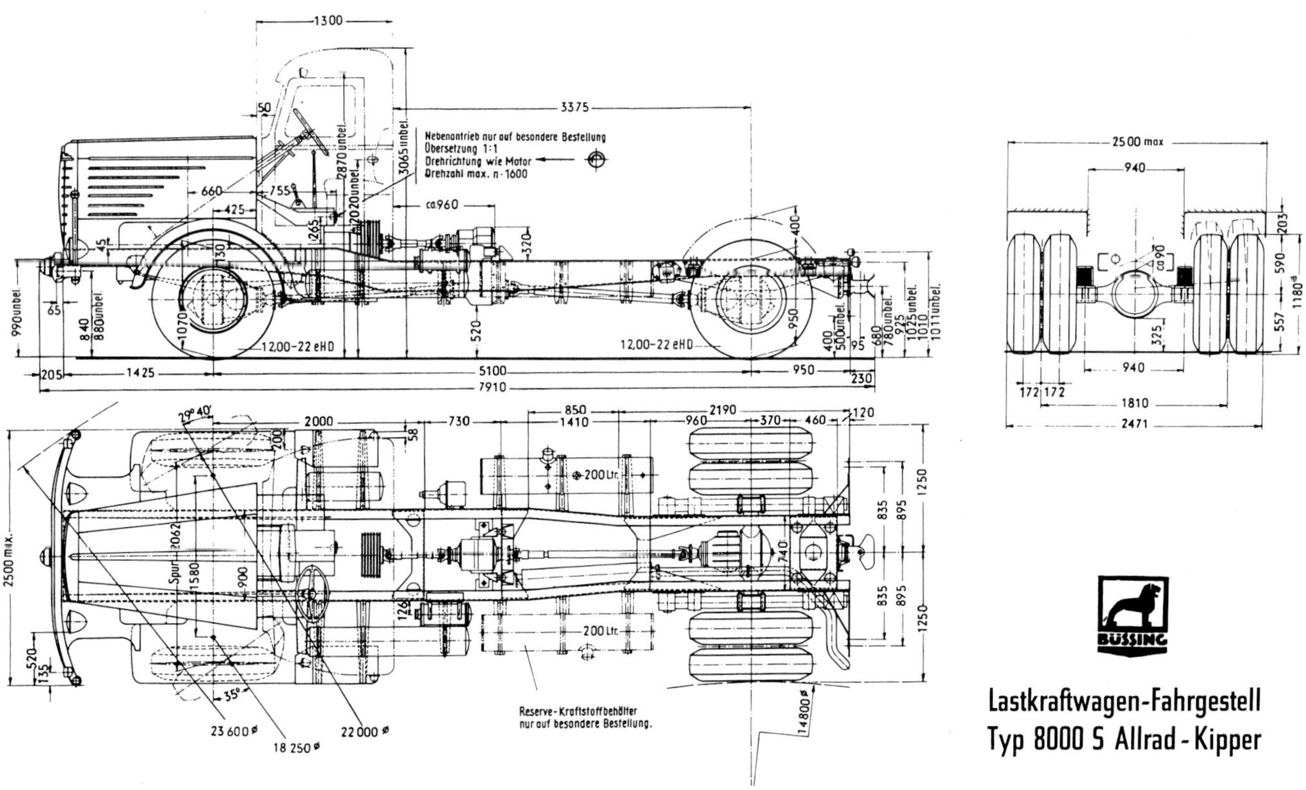

Fuhrpark der Holsten-Brauerei Hamburg im Jahre 1952 mit den Typen 5500 S, 6000 S und 5000 S

1950

Abschied vom 105er

Lange Zeit hat er treue Dienste geleistet, der legendäre "105er"-Fünftonner, zunächst als Wehrmachts-Einheitstyp 4500, nach dem Kriege als Typ 5000 S. Doch zum Herbst 1950 wird er abgelöst durch den neuen 5 1/2-Tonner 5500. Äußerlich ist auf den ersten Blick kaum ein Unterschied zum Vorgänger zu bemerken.

Auf der Haube prangt als Zeichen der neuen Firmenstruktur nur noch der Büssing-Löwe oberhalb der Chromspinne. Das Büssing-NAG-Emblem, das noch den 5000 S kennzeichnete, wird nicht mehr verwendet. Die eigentlichen Änderungen stecken unter der kantigen Nase. Neue Zylinderköpfe und neue Vorkammern kommen zum Einsatz. Die siebenfach gelagerte Kurbelwelle wird nun mit Gegengewichten und Schwingungsdämpfern ausgestattet. Ein stärkerer Anlasser sowie ein vergrößertes Kühlernetz sind weitere Neuheiten. Durch eine Verbesserung des Ver-

Kuka-Müllwagen der Stadt Goslar für 9-10 cbm Abfall mit Entleerung durch Förderschnecke auf Fahrgestell 5500

5500 Kipper (oben) und 5500 Kastenwagen im Kölner Hafen (unten)

5500 Sattelschlepper mit Normal-Radstand und Kässbohrer-Auflieger

brennungssystems wird der zugeführte Kraftstoff besser genutzt, so daß trotz einer höheren Leistung von 120 PS der Verbrauch des Reihendiesel merklich abnimmt und nunmehr mit 18,5 Litern Dieseltreibstoff auf 100 km angegeben wird.

Die Maschine ist eine Weiterentwicklung des bisherigen Typs LD und trägt daher die neue Bezeichnung LD X (1951 wird er umbenannt in S 8 entsprechend des Hubraumes von etwa 8 Litern). Ein begeisterter Fahrer vermerkt auf einem Prospekt des 5,5 Tonners: "Er geht besser als viele Pkw. Mit ihm kann man so richtig plästern!" Die Drehzahl ist werksseitig durch einen Regler begrenzt auf 1800 U/min zugunsten einer höheren Lebensdauer des für ein Gesamtgewicht von 11,5 t zugelassenen Dieselwagens.

5500 Pritschenwagen

5500, 6000, 6000 S

Motor	Typ LD X / Typ S 8 Vorkammer-Diesel
Zylinder	6
Leistung PS	120
Max.Drehzahl U/min	1800
Hubraum ccm	7983
Bohrung mm	110
Hub mm	140
Getriebe	5-Gang-Stirnräder
Radstand mm	
Pritsche	4800
6000 / S Pritsche	4800 o. 5250
Kipper, Allrad	4800
6000 S Allrad-Kipper	4800 o. 4200
Sattelschlepper	3600
6000 / S Allrad-Sattelschl.	4200
Zul. Gesamtgewicht t	
5500 Pritsche	11,5
5500 Kipper	11,5 o. 12,25
6000 Pritsche, Kipper, Sat.	12,25
6000 Allrad-Kipper	12,6

Die Konstruktionsprinzipien des Fahrgestells und des Antriebsstranges sind weitgehend vom Vorgänger übernommen, so das fünfgängige Stirnrädergetriebe, die Zweischeiben-Trockenkupplung und das Prinzip der Druckluft-Öldruck-Vierrad-Fußbremse in Kombination mit der feststellbaren Getriebebremse.

5500 Paketkofferwagen der Deutschen Bundespost

23500 DM kostet 1950 die Pritschenwagen-Ausführung des 5500. Darüberhinaus gibt es den 5500 K mit motorhydraulischem Dreiseitenkipper, die Sattelzugmaschine 5500 S und die Allradversionen 5500 A und AK.

Die 1950er Modelle des 5500 besitzen noch die alte, im Prinzip aus der Vorkriegszeit stammende schmale Kabine mit steil aufragender Windschutzscheibe. Ebenso wie diese mit Stahlblechbeplankung auf einem Holzgerippe, jedoch in weit gefälligerer Form, kommen die Fahrerhäuser ab Ende 1951. Sie sind breiter - zusätzlich zum Fahrer sollen jetzt drei weitere Personen Platz finden - und höher ausgeführt. Das abgerundete Dach läuft über den leicht schräggestellten Frontscheiben in Form einer angedeuteten Sonnenblende aus. Mit dieser Kabinengestaltung erscheint 1952 auch der verstärkte, die Baureihe 5500 ablösende Typ 6000. Der 120 PS-Motor und die Kraftübertragung mit Fünfgang-Getriebe sind gleichgeblieben. Hingegen ist die mögliche Nutzlast auf ca. 6,3 t angestiegen. Grund hierfür ist unter anderem die größere Bereifung der Dimension 11.00-20, während beim 5500 die Größe 10.00-20 serienmäßig geliefert wurde. Wiederum gibt es Pritschenfahrzeuge, Kipper- und Sattelschlepperfahrgestelle sowie Allradversionen aus der Baureihe

Grundlegend renovierter Fünftonner mit Spanplattenfahrerhaus

5500 Allrad von 1950 mit Wülfel-Aufbau

6000. Ab 1954 taucht in der Typbezeichnung wieder das S hinter der Nutzlastzahl auf, um den Einsatz des stehenden Motors gegenüber der Unterflurbauweise abzugrenzen. Während die 6000 S-Reihe im deutschen Liefer-Programm 1955 durch das neue Modell LS 7 abgelöst wird (allein die Allradversionen stehen den deutschen Kunden noch eine Weile zur Verfügung), erlebt der robuste 6 Tonner auf Exportmärkten eine ungeahnte Blüte und wird noch lange Zeit, sogar noch in den sechziger Jahren mit den Kabinen der Commodore Haubenwagen, in vielen außereuropäischen Ländern verkauft, u.a. in der Türkei aus angelieferten Teilen für die rauhen Bedürfnisse des heimischen Marktes montiert.

6000 Allrad

6000 mit langer Pritsche (oben) und 6000 Kipper (unten)

Oben: 5500 Thermoswagen von 1951 mit Vidal Anhänger

Links: Schörling Schlammsaugewagen für 3000 Liter Schlamm auf Typ 6000

Unten links: 6000 Thermoswagen (Aufbau: Schmitz, Altenberge)

Unten: Prospekt von 1953

6000 Fernverkehrswagen mit kurzer Kabine

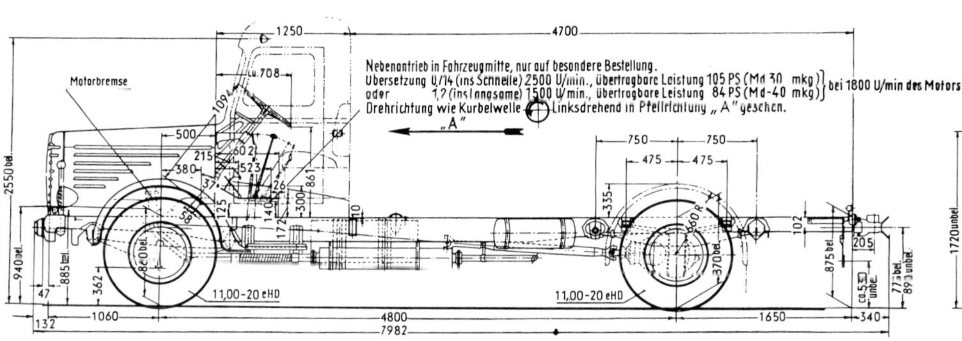

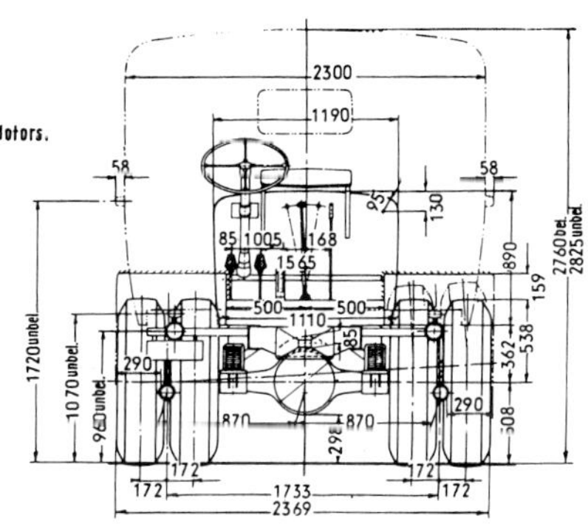

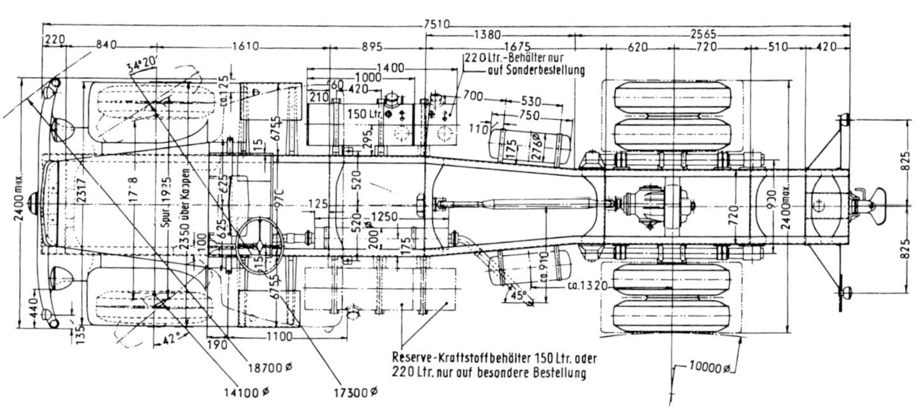

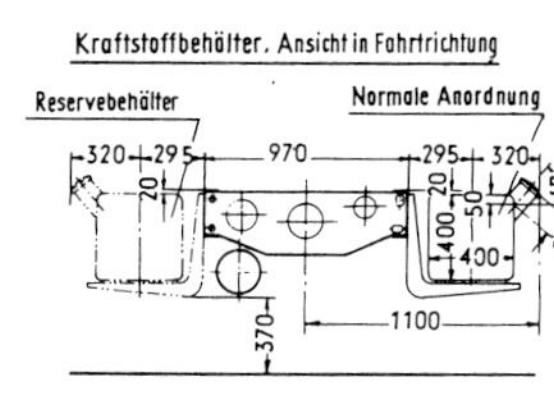

Lastkraftwagen-Fahrgestell
Typ 6000 S

6000 mit Aufbau und Kabine aus den Niederlanden

Brasilianischer 6000 mit extrem klein bereifter Nachlaufachse

6000 Kipper mit niederländischer Kabine

6000 Möbelwagen mit Ackermann Leichtmetallaufbau

6000 S 8 t in Exportversion mit Tankaufbau der Schwelmer Eisenwerke

6000 Kühlwagen mit Aufbau von Ewers, Meschede

6000 Allrad mit Hinterkippmulden-Auflieger

6000 Allrad von 1952 mit Meiller-Kipper

6000 Allrad Holztransporter im afrikanischen Rhodesien

6000 S Allradkipper

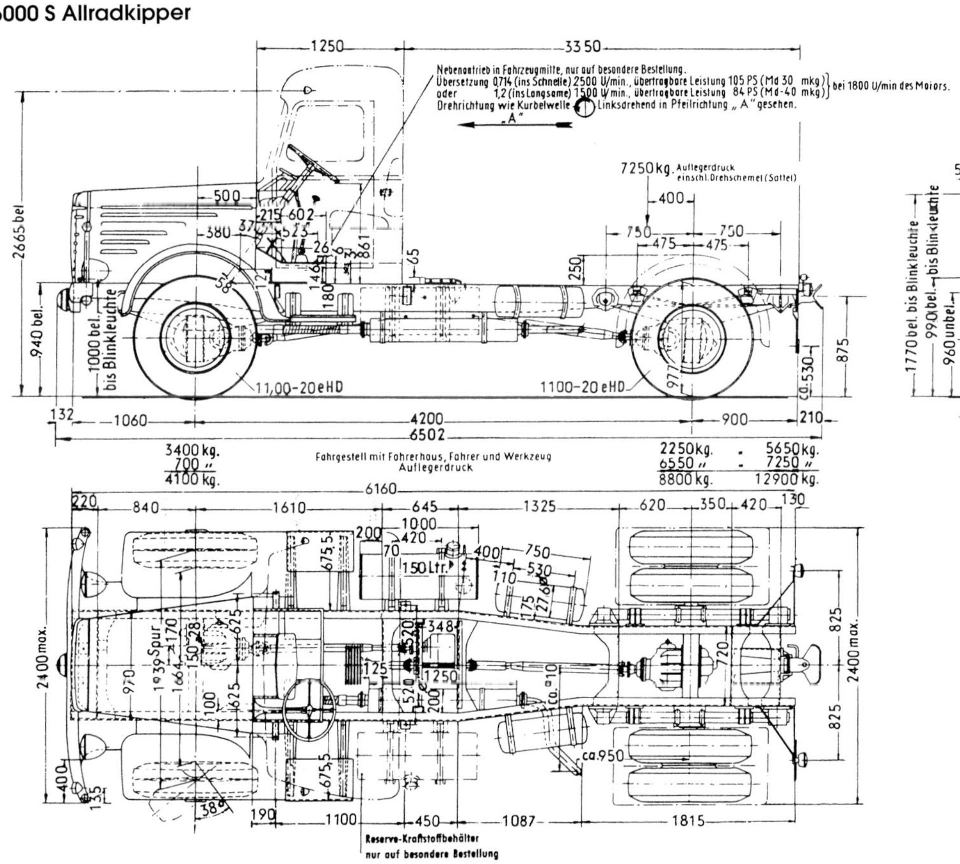

BÜSSING

Lastkraftwagen-Fahrgestell
Typ 6000 S Allrad
(Radstand 4200 mm)

6000 S 8 t Allradkipper von 1960 mit HIAB-Ladekran für die Türkei

7500 S Fernverkehrswagen

7500 S von 1954 mit Auspuff vor der Vorderachse und Kleingebinderaum in der Kabine

Als Bindeglied zwischen der Baureihe 6000 und dem Schwerlastwagen-Programm der Reihe 8000 bietet Büssing zwischen 1953 und 1954 das Modell 6500. Äußerlich gleicht der 6,5 Tonner seinen kleineren Brüdern, besitzt aber eine stärkere Maschine. Als Weiterentwicklung des Unterflurmotors U 10 präsentiert Büssing hier eine stehende Version mit 150 PS als Typ S 10 mit 10 Litern Hubraum. Der Sechszylinder-Viertakt-Diesel arbeitet, wie bei Büssing üblich, nach dem Vorkammerprinzip mit gesteuerter Wirbelbildung. Zusätzlich zu der fußbetätigten Druckluft-Öldruck-Vierradbremse und der Büssing-typischen feststellbaren Getriebebremse weist der 6500 als weiteres Sicherheitselement eine fußbediente Motorbremse auf. Zur Erreichung der Nutzlast von 6,5 bis 6,8 t sind die Halbelliptikfedern an der Hinterachse mit zusätzlichen Stützfedern versehen.

6500, 7500, 7500 S

Motor	Typ S 10 Vorkammer-Diesel
Zylinder	6
Leistung PS	150
Max.Drehzahl U/min	2000
Hubraum ccm	9850
Bohrung mm	118
Hub mm	150
Getriebe	5-Gang-Stirnräder
Radstand mm	
6500	4800
7500 / S Pritsche	5350 o. 5600
7500 / S Kipper	4800
7500 / S Sattelschlepper	4000
Zul. Gesamtgewicht t	
6500	12,8
7500	14,0

Unter der schmalen Haube der Baureihe 6000, die vorher auch schon den 105er Diesel beherbergt hatte, wird es dem 10 Liter-Motor jedoch recht eng. So spendieren die Büssing-Ingenieure für die 1954 erscheinende 6500-Ablösung eine

7500 S Kipper (links) und 5000 S Kipper (rechts)

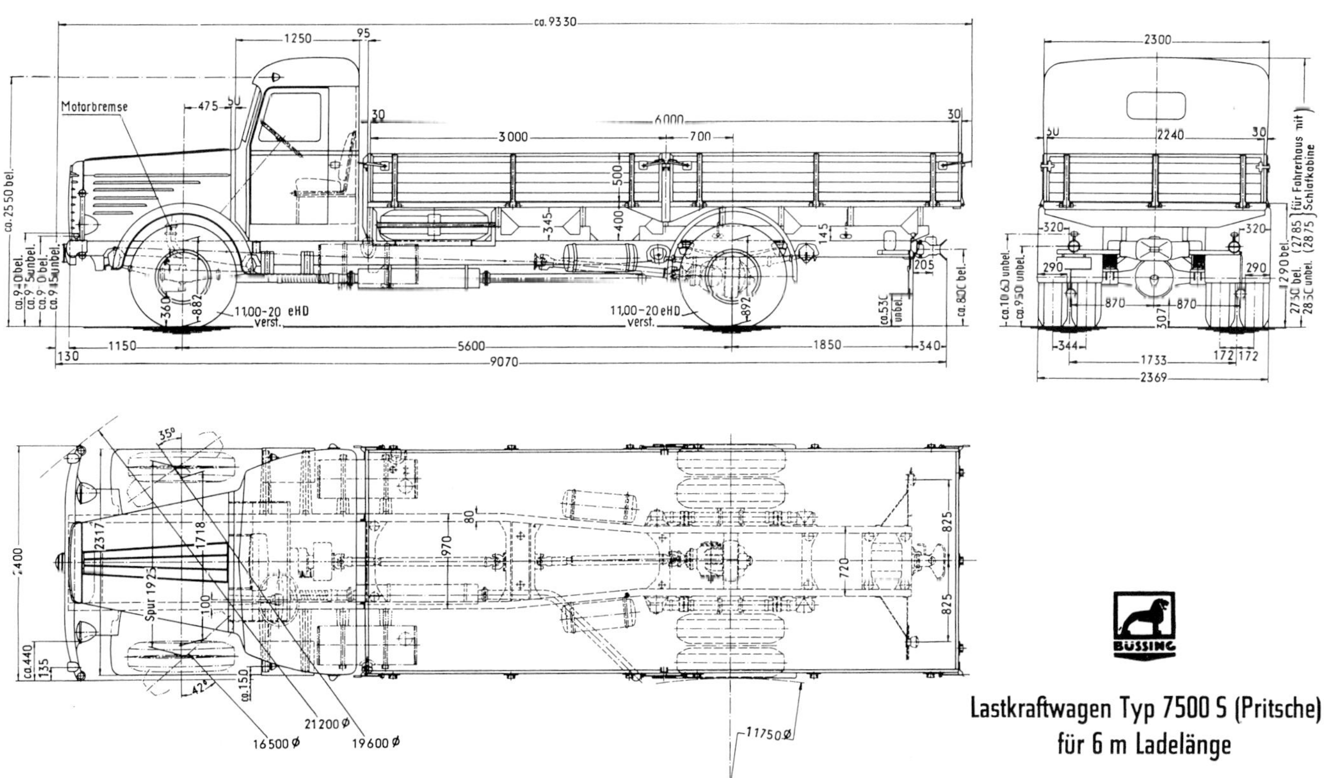

Lastkraftwagen Typ 7500 S (Pritsche)
für 6 m Ladelänge

7500 S von 1954 mit Schlafkabine (Aufbau und Anhänger: Raymakers, Goch)

neue breitere Nase. Sofort erkennbar sind die Lastwagen der neuen Baureihe 7500 an den waagerecht bis an die Haubenseiten herangeführten Kotflügeln, während bislang schräg angestellte Blechteile ein Öffnen des kompletten Haubenseitenteiles ermöglichten.

Die nach dem Büssing-typischen Vorkammerprinzip arbeitende Sechszylinder-Maschine mit 150 PS bringt den vollbeladenen 7,5 Tonner innerhalb von 47 Sekunden auf die Höchstgeschwin-

Niederländischer 7500 S Tankzug und 7500 S mit Kofferauflieger von Spitzer (unten)

7500 S mit Schmitz Auflieger. Unten: Tankaufbau von T+A Schwietert, Beckum auf 7500 S

digkeit von ca. 65 km/h. Die Zweischeiben-Trockenkupplung aus dem Hause Fichtel&Sachs stellt sich durch eine zentrale Kupplungsfeder bei abgenutztem Belag selbst nach. Eine Kupplungsbremse erleichtert das Einlegen des ersten Ganges beim Anfahren. Es schließt sich ein fünfgängiges Zahnradschubgetriebe mit Schaltsperre an, bei dem der 5.Gang mit einer Übersetzung von 0,697 als Schongang ausgelegt ist. Ab Frühjahr 1955 kommt ein Sechsgang- Allklauengetriebe zum Einbau. mit einem 0,715 übersetzten sechsten Gang.

Verzögert wird über eine kombinierte Druckluft-Öldruck-Vierradbremse, bei der die Druckluft als Vorspann dient. Eine serienmäßige Motorbremse, betätigt durch einen Fußhebel neben dem Kupplungspedal, bringt zusätzliche Entlastung. Als besonders wirksame Feststellbremse baut Büssing immer noch die bewährte Innenbakken-Getriebebremse ein. Der robuste Rahmen aus U-Profil-Längsträgern mit eingesetzten Querträgern läuft im hinteren Bereich enger zusammen, um Platz für die Zwillingsbereifung zu schaffen. Einige Kräfte erfordert die nicht unterstützte Schneckenlenkung .

Das Fahrerhaus in gemischter Holz-Stahl-Bauweise bietet dem Fahrer einen verstellbaren Sitz und weitere Sitzgelegenheiten für drei Personen. Auf Wunsch wird auch eine Ausführung mit Schlafkabine mit in den Laderaum hineinragendem Schwalbennest angeboten. Beim wahlweise erhältlichen verlängerten Fahrerhaus kann die Rücklehne der hinteren Sitzbank hochgeklappt und zu einer zweiten Liegestatt umfunktioniert werden. Serienmäßig ist eine Heizung von Behr installiert, die im Sommer die Belüftung der Kabine unterstützt. Die Windschutzscheibe läßt sich auf der Fahrerseite nach vorn ausstellen.

Die Baureihe 7500, die ab Ende 1954 7500 S heißt, wird mit zwei Pritschenwagen-Radständen (5350 und 5600 mm) geliefert, sowie mit kürzerem Achsabstand als Kipper (4800 mm) und als Sattelzugmaschine (4000 mm). 37550 DM verlangt Büssing für den kurzen Pritschenwagen und 32500 DM für das nackte Fahrgestell.

Der erste serienmäßige Unterflur-Lkw

Vorreiter der Unterflurbauweise im Schwerlastwagenbau ist die Hannoveraner Firma Hanomag, die im Jahre 1933 den 3,5 - 4 Tonner-Typ HL 3,5 - 4 präsentiert. Der 5,2 Liter-Diesel mit 55 PS liegt in Wagenmitte unterhalb der Pritsche. Die eigentlichen Urahnen der später Büssing-typischen Unterflurbauweise sind zwei Busmodelle, die die Braunschweiger auf der Berliner Automobilausstellung 1935 vorstellen. Bei beiden, dem Zweiachser 650 TU und dem Dreiachser 900 TU, kommt der liegend eingebaute Sechszylinder-Diesel UD 6 mit 13,7 Litern Hubraum und 140/150 PS Leistung zum Einsatz. Noch liegt die Maschine weit vorne im Rahmen direkt vor der Vorderachse. Die mittige Position der An-

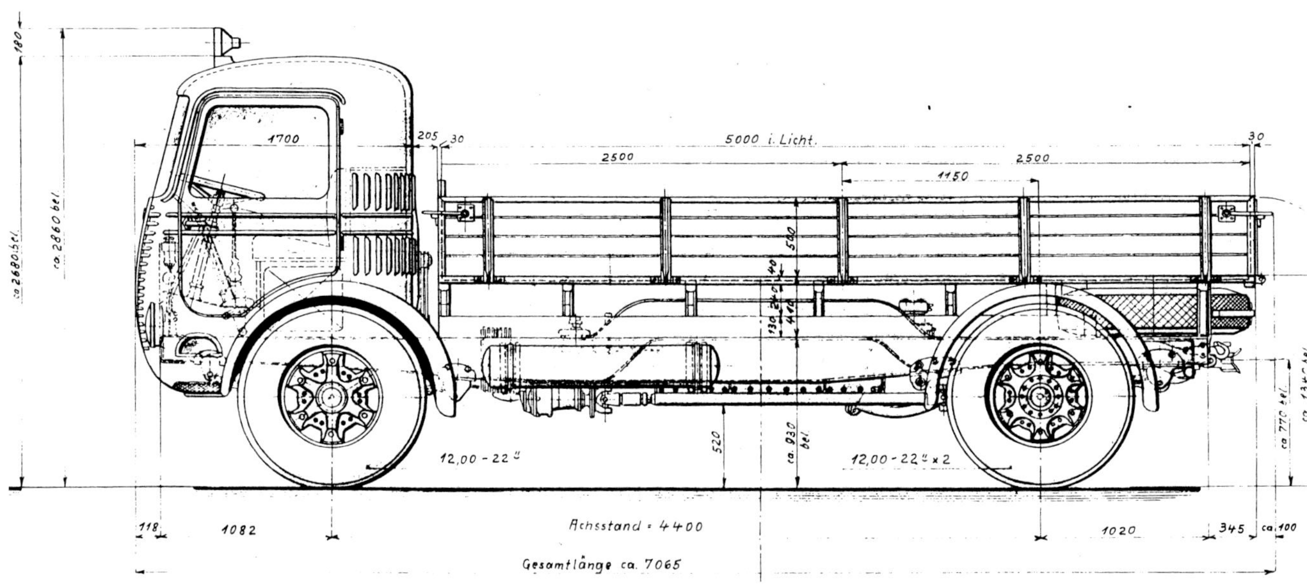

Werkszeichnung mit Datum vom 26.10.1945 für einen Lastwagen mit Unterflurmotor, zurückgreifend auf den Prototyp 70 von 1940

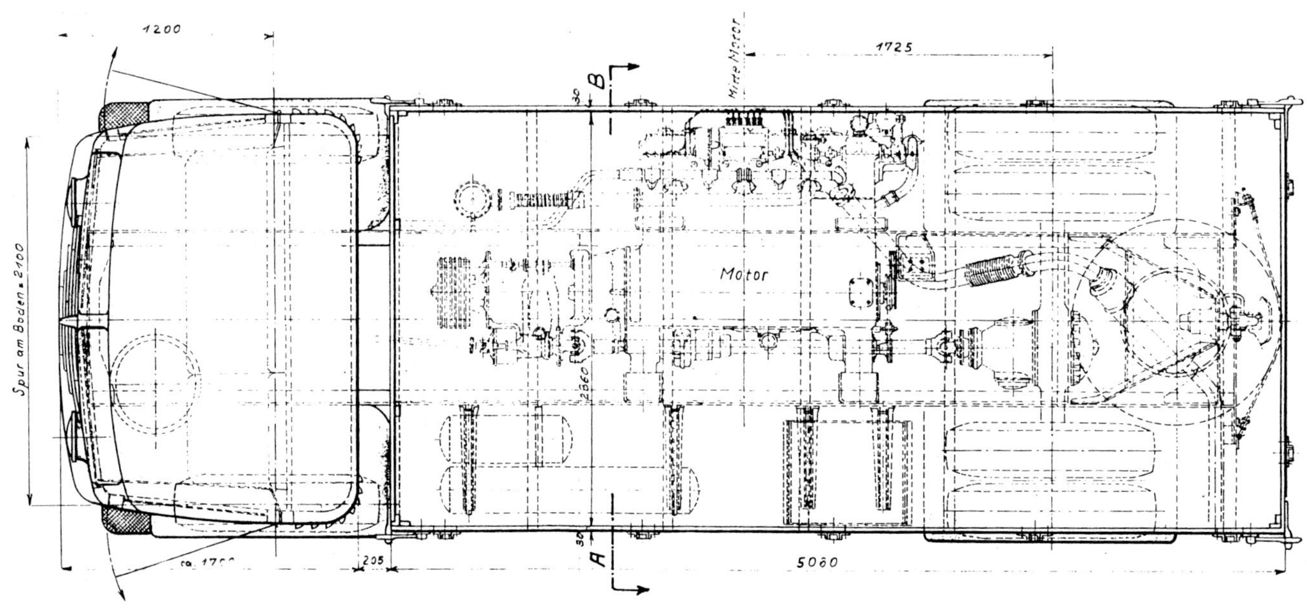

Erster Versuchswagen mit Unterflurmotor

triebseinheit wird erstmals ausprobiert bei einer Reihe von 7 Tonnern, die Büssing in den Jahren 1940 und 1941 entwickelt. Der liegende Diesel U 14 mit sechs Zylindern treibt entweder die Hinterachse beim Typ 70 oder beide Achsen beim Typ 74 an. Die Experimente an dieser zukunftsweisenden Baureihe müssen jedoch bald wieder eingestellt werden, da der Schell-Plan für Büssing nur die kriegswichtigen 4,5 Tonner vorsieht und alle anderen Entwicklungen verbietet. Erst nach Kriegsende kann man sich in Braunschweig an die Vervollkommnung der bereits 1940 patentierten Idee machen, und zur Technischen Messe Hannover im Mai 1949 erscheint erstmals wieder ein Unterflur-Fahrzeug aus dem Hause Büssing-NAG. Der Omnibus 5000 TU hat seinen Sechszylinder-Diesel des Typs U 9 in der Fahrzeugmitte liegen und treibt über ein angeblocktes Getriebe und eine extrem kurze Gelenkwelle die Hinterachse an. Dieses Modell wird zur Keimzelle einer ganzen Generation von Büssing-Unterflur-Omnibussen.

Während beim Omnibus die optimale Ausnutzung des Innenraumvolumens schon seit längerem im Mittelpunkt der konstruktiven Bemühungen stand, ist bei Lastwagen diese Problematik nicht so drängend. Die Längenvorschriften lassen noch genügend Reserven, so daß die imposanten Langhauben dominieren. Allein für besondere Aufbauten wünscht man Frontlenker-Konstruktionen, und hierfür finden bei Büssing in der Regel Omnibus-Fahrgestelle Verwendung.

Zur Frankfurter Automobilausstellung im Frühjahr 1951 erscheint Büssing erstmals mit einem serien-

Ackermann Leichtmetallaufbau auf der Basis des Unterflur-Busfahrgestells 5000 TU

Prototyp eines Lastwagenfahrgestells mit Unterflurmotor von 1950

Speditionswagen auf Bus-Chassis 6000 T mit zweiflügeliger Seiten- und Rückwandtür und einer Personenkabine mit Schlafeinrichtung (Aufbau: Graaff, Elze)

Kässbohrer-Aufbau auf Unterflur-Busfahrgestell. Darunter: Großraumlastwagen auf Unterflur-Busfahrgestell 6500 T

Unterflur-Busfahrgestell 6000 T mit Ackermann Leichtmetallaufbau (oben), Flachwagen für Paketcontainer der Deutschen Bundespost auf 6000 T Unterflur-Chassis (Mitte) und Niederländischer Aufbau auf TU Bus-Fahrgestell (unten)

Prospekt von 1952

mäßigen Unterflur-Lastwagen. Das Publikumsinteresse ist gewaltig, zumal da Büssing auch bei der Fahrwerksgestaltung an die große Tradition der bewährten Sechsradwagen anknüpft. Der neue Typ 12000 verteilt sein zulässiges Gesamtgewicht von 24 Tonnen auf drei einfach bereifte Achsen. Die beiden hinteren sind angetrieben und bieten so optimale Traktion auch bei ungünstigen Fahrbahnverhältnissen. Wie bei den dreiachsigen Riesen der Vorkriegszeit sind die Hinterachsen durch eine Waagebalken-Konstruktion miteinander verbunden und mindern so die Wirkung von Fahrbahnstößen auf die Hälfte. Die langen halbelliptischen Blattfedern mit Abstufung sind wartungslos in Gummi-Drehgelenken gelagert. Die Federbünde ruhen ebenfalls in Gummi-Schwinglagern.

Die Leistung des 13,5 Liter großen Diesels wird mit 180 PS angegeben. Die liegend konstruierte Sechszylinder-Maschine hängt im Bereich hinter der Vorderachse schwingungsfrei in Gummilagern am Fahrzeugrahmen und kann mittels einer eingebauten Seilwinde nach unten ausgebaut werden. Die Wahlmöglichkeiten in dem fünfgängigen Schaltgetriebe werden verdoppelt durch eine Untersetzungsstufe im Verteilergetriebe, die mittels Druckluft aktiviert wird.

12000, 8000 U 13

Motor	Typ U 13
	Unterflur-Vorkammer-Diesel
Zylinder	6
Leistung PS	180
Max.Drehzahl U/min	1600
Hubraum ccm	13539
Bohrung mm	130
Hub mm	170
12000 U ab 1954:	
Motor	Typ U 15
	Unterflur-Vorkammer-Diesel
Zylinder	6
Leistung PS	200
Max.Drehzahl U/min	1600
Hubraum ccm	15000
Bohrung mm	135
Hub mm	175
Getriebe	5-Gang-Stirnräder
Radstand mm	
12000	5900 + 1500
8000 U 13	5200
Zul. Gesamtgewicht t	
12000	24,0
8000 U 13	16,0

Fahrgestell des Typ 12000

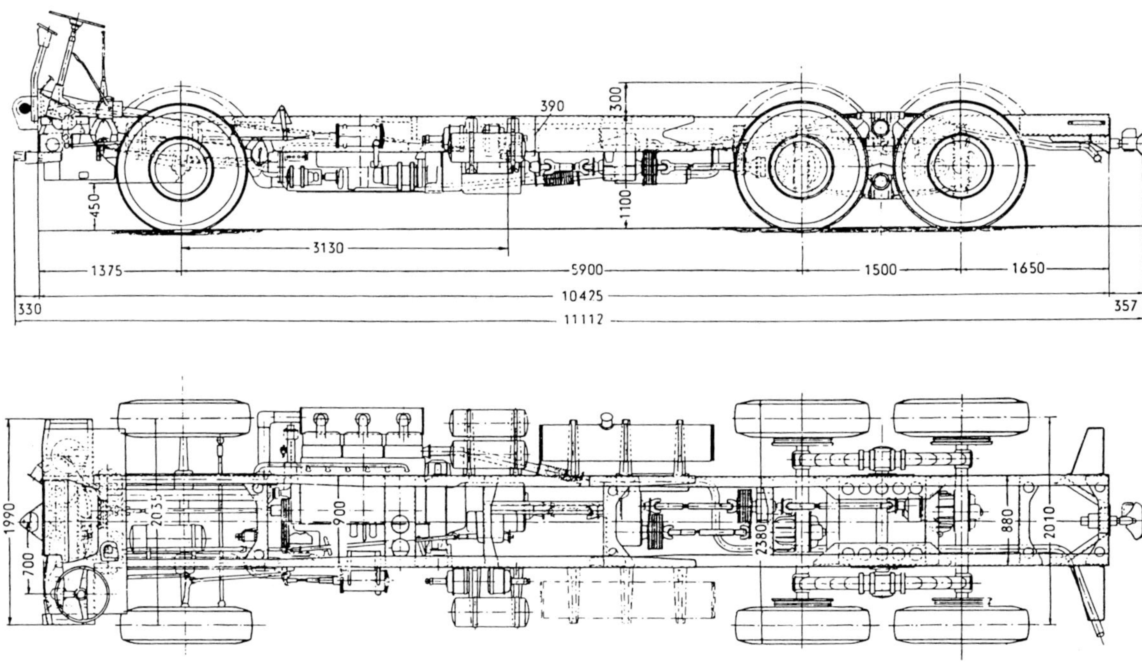

Maßzeichnung 12000 (1954)

Typ 12000

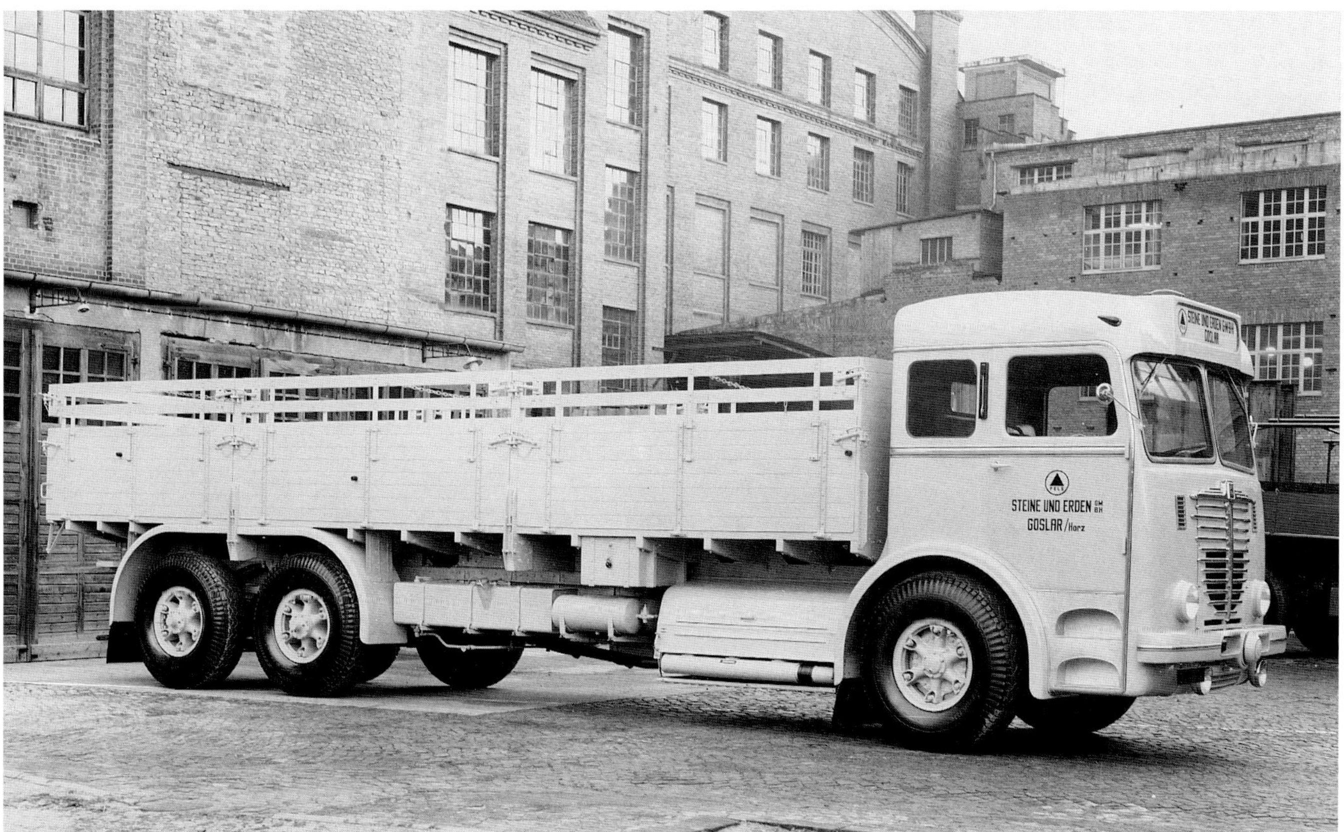

Typ 12000 von 1951. Unten: Kässbohrer Autokran auf Typ 12000

Ebenfalls durch Druckluft unterstützt wird die Lenkung, da bis zu 8 t Druck auf der Vorderachse lasten können. Die Druckluft-Öldruck-Fußbremse wirkt auf alle sechs Räder. Da beide Hinterachsen über separate Kardanwellen mit Kraft versorgt werden, baut Büssing als Feststellbremsen zwei Getriebebremsen ein, die jeweils auf eine Achse wirken.

Da der 12 Tonner als Solofahrzeug vorgesehen ist, kommt der Länge der Ladefläche eine besondere Bedeutung zu. Durch Verwendung eines Fahrerhauses im Trambus-Stil erreichen die Konstrukteure eine Ladelänge von 9,5 Metern bei 11,1 m Gesamtlänge. Keine Haube stört mehr den Blick des Fahrers auf das Verkehrsgeschehen. Selbst der Raum direkt vor dem Fahrzeug, der bei den Haubern nicht eingesehen werden kann und daher ein extremes Sicherheitsrisiko auch für andere Verkehrsteilnehmer bedeutete, ist voll zu überblicken. Beim Ausfahren aus engen Fabriktoren braucht sich der Fahrer nicht erst langsam mit der Schnauze des Lasters in den fließenden Verkehr zu drücken, bevor er sieht, was auf der Straße passiert, jetzt ist er sofort voll im Geschehen. Dies hingegen ist auch der Grund vielfacher Skepsis in den Reihen des Fahrpersonals. Bietet die flache Front wirklich ausreichenden Schutz bei Frontalaufprall? Hinter der massigen Haube fühlte man sich doch sicher wie hinter Burgmauern. Auch vermissen die Fahrer den direkten Kontakt zur Maschine. Sie waren es ge-

Kässbohrer Autokran KS 36 auf 12000. Unten: Typ 1200 von 1952 für Belgien

wohnt, nach Motorgeräusch zu schalten und konnten sich durch exakt dosiertes Zwischengas elegant zwischen den Schaltstufen bewegen. Nun hingegen ist Ruhe in die Kabine eingekehrt. Lärm und ölige Gerüche sind nach draußen verbannt. Hier bekommt allerdings die Umwelt etwas mehr zu hören, bis Büssing schließlich die Kapselung der im Freien liegenden Unterflur-Maschinen besser in den Griff bekommt.

Mit einem Preis von 64300 DM stellt der 12000 eine beträchtliche Investition für den Unternehmer dar und wird daher nicht in großen Stückzahlen abgesetzt (insgesamt 36 gefertigte Exemplare). Der größte Teil der dreiachsigen Fahrgestelle wird in Niederrahmen-Ausführung hergestellt und findet Verwendung für Omnibusaufbauten, u.a. auch für Berliner Doppeldecker. Auf Wunsch wird der 12000 zum Ende seiner Produktionszeit auch mit dem 200 PS starken Sechszylinder-Diesel des Typs U 15 geliefert. Nach nur drei Jahren Fertigungsdauer kommt 1954

das Ende für die imposanten Riesen. Für 1956 weist die Produktionsstatistik zwar noch einmal einen "Nachschlag" von drei zusätzlich gefertigten 12 Tonnern aus.

Dies bedeutet für Büssing den Abschied von der Tradition der schweren Sechsradwagen.

Mit gleicher U13-Motorisierung, ebenfalls mit 180 PS, stellt Büssing 1952 dem Dreiachser 12000 einen zweiachsigen 8 Tonner mit der Typbezeichnung 8000 zur Seite. Aufgebaut ist ein modernes Trambusfahrerhaus mit verstellbarem Fahrersitz und einer durchgehenden Sitzbank im hinteren Teil der Kabine. Nach Hochklappen der Rückenlehne entstehen Liegemöglichkeiten für zwei Personen. Ebenso wie beim 8 t-Haubenwagen sind rundum Trilexräder montiert.

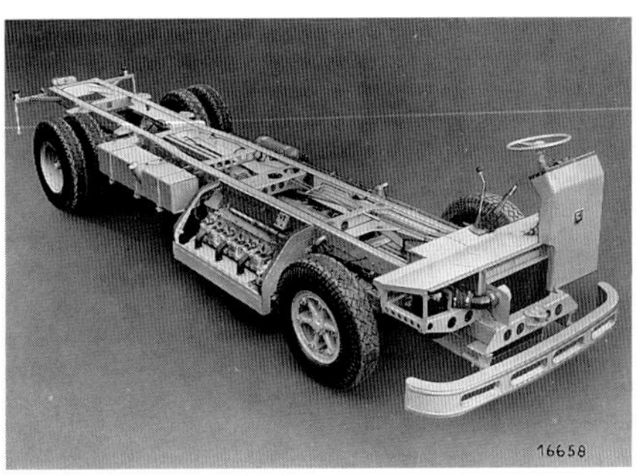

Fahrgestell des 8000 U 13

Rechts von oben nach unten: Dreiachs-Kipper von 1953 mit im Fahrerhaus stehenden Motor, Ackermann Leichtmetallaufbau auf 8000 U und 8000 U mit Aufbau und Kabine von Kässbohrer

Herzberger Papierfabrik
HERZBERG / HARZ

8000 U 13

HACO
HACO
TRANSPORT GMBH
INTERNAT. SPEDITION
Güterfernverkehr NW 1254
Standort Wuppertal
55

1953

Typ 4000, der Mittelstarke mit Unterflur

Die Nachkriegszeit steht bei Büssing im Zeichen der schweren Lastwagen. In diesem Bereich fühlen sich die Braunschweiger traditionell stark und kompetent. So überrascht es die Fachwelt, als zur Frankfurter IAA im Frühjahr 1953 ein "kleiner" Büssing präsentiert wird. Mit seinem 100 PS leistenden Sechszylinder-Diesel klassifizieren die Werbestrategen ihn als den "Mittelstarken".

Eigentlich hatten die Braunschweiger Techniker den Unterflurmotor hauptsächlich für ihre Trambusse vorgesehen, bei denen es auf eine optimale Ausnutzung des Innenraumes ankam. Nach Achtungserfolgen mit den schweren Unterflur-Dreiachsern wagt sich Büssing mit dem neuen Typ 4000 erstmals mit einer Unterflur-Lastwagen-Konstruktion in den heiß umkämpften Markt der Verteilerlastwagen. Wenn man sich die direkte Konkurrenz anschaut, die Mercedes und Borgward 3,5-4-Tonner mit ihren konventionellen eckigen Schnauzen, die Ford FK-Typen im amerikanischen Hauben-Styling, die eigenwilligen Magirus Rundhauber und den für die Zeit hochmodernen Henschel HS 100 mit Kurzhaube, kann man verstehen, mit welchem Mut die Büssing-Techniker auf ihr revolutionäres Unterflur-Konzept setzen. Frontlenker sind bislang kaum auf dem Markt. Ihre Produktion wird von den großen Herstellern den Um- und Aufbaufirmen überlassen. Auch bei Büssing mußten die Kunden, wenn sie einen Transporter für voluminöse Güter brauchten, auf spezielle Aufbauten auf Trambusfahrgestellen zurückgreifen. Und hier steht nun mit dem Typ 4000 ein raumökonomisch optimierter 4,5-Tonner mit flacher Front. Die Unterflurbauweise läßt - wie der Prospekt betont - "ohne Erhöhung von Anschaffungspreis, Gewicht und Betriebskosten" eine Vergrößerung der Nutzfläche von etwa 20 Prozent zu. Tatsächlich bietet der 4000 bei einer Gesamtlänge von 6,84 Metern eine 4,80 m lange Ladepritsche. Allerdings liegt der Preis mit etwa 25000 DM höher als bei Konkurrenzfabrikaten.

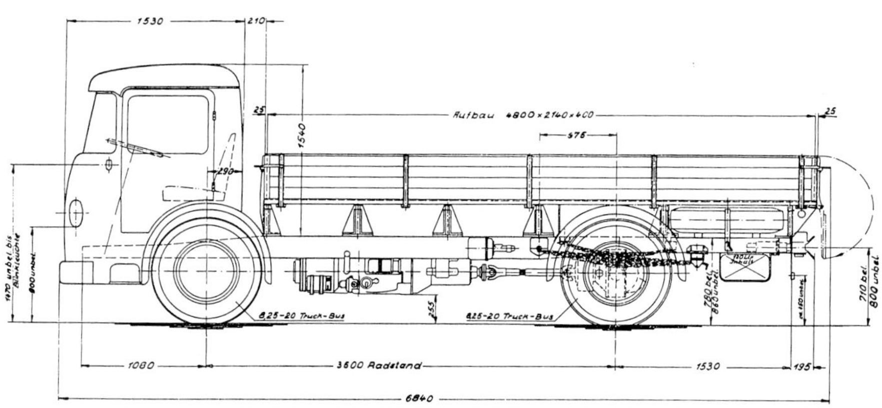

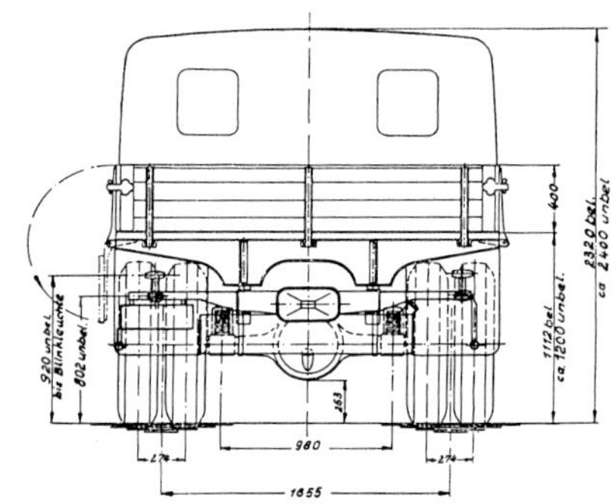

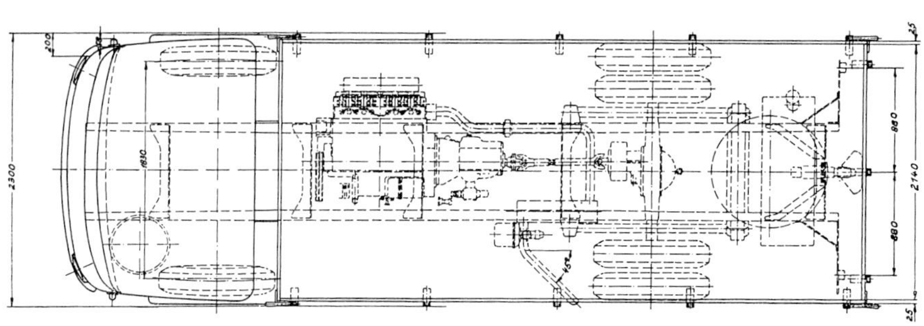

Typ 4000 und seine älteren Geschwister, die noch 1953 bei der Brauerei Härke in Peine im Einsatz sind

4000, 4500 U	
Motor	Typ U 5
	Unterflur-Vorkammer-Diesel
Zylinder	6
Leistung PS	100
Max.Drehzahl U/min	2600
Hubraum ccm	5430
Bohrung mm	96
Hub mm	125
Getriebe	5-Gang-Synchron
Radstand mm	3600
Zul. Gesamtgewicht t	8,7

Die Grundkonzeption des mittelstarken Lastwagens ist die gleiche wie bei den schwereren Unterflurwagen: Motor und Getriebe sind in einem Block zusammengefaßt und an drei Punkten in Gummilagern etwa in der Wagenmitte aufgehängt. Eine kurze Kardanwelle führt von dem fünfgängigen Synchrongetriebe und der mechanisch über Seilzug betätigten Einscheibentrockenkupplung zur einfach übersetzten Hinterachse. Geschaltet wird über einen Hebel am Lenkstock dicht unter dem Lenkrad, von dem aus die Bewegungen mittels Gestänge mit Gelenken bis zum Getriebe weitergeleitet werden. Neben einer fußbetätigten Druckluft-Öldruck-Vierradbremse mit Trittplattenbremsventil und der Büssing-typischen Getriebe-Feststellbremse weist der 4.5 Tonner serienmäßig eine Motorbremse auf. Fast alle schmierungsbedürftigen Teile des Fahrgestell sind an eine Zentralschmierung angeschlossen, deren Auslöser alle 200 km durchzutreten ist.

Der liegende 5,43 Liter-Diesel des Typs U 5, der auch in dem gleichzeitig präsentierten kleinen Omnibus 4000 T Verwendung findet, bringt je nach Hinterachsübersetzung (wahlweise 6,83, 5,85 oder

Kofferaufbau von Thiele, Bremen auf Typ 4000

5,13) Höchstgeschwindigkeiten zwischen 68 und 88 km/h. Er arbeitet, wie bei Büssing üblich, nach dem Vorkammerverfahren mit gesteuerter Wirbelbildung. Durch die liegende Anordnung der Maschine befindet sich die Vorkammer seitlich oben im Zylinderkopf. Die Kurbelwelle ist siebenfach gelagert. Die nassen Zylinderlaufbüchsen sind auswechselbar konzipiert. Besonderen Wert legten die Techniker auf eine optimale Schmierung des Aggregats. Ein Spaltfilter im Hauptstrom hält grobe Verunreinigungen zurück. Selbst kleinste Partikel fangen sich in einem Nebenstrom-Feinfilter. Tester loben die Elastizität der 100 PS-Maschine. So läßt sich der vollbeladene Wagen praktisch dauerhaft im 5.Gang durch den Stadtverkehr fahren, da er sich bis auf 20 km/h herunterdrosseln läßt und ruckfrei wieder anzieht.

Typ 4000 von 1953 mit Meiller Dreiseitenkipper und Staukasten im Zwischenraum zwischen Kabine und Pritsche (oben), Typ 4000 von 1954 als Wasserwerfer bei der Poilzei Hannover (Mitte) und Typ 4000 Sattelschlepper mit Auflieger von Schmitz, Altenberge (unten)

Ackermann Leichtmetallaufbau auf Bus-Fahrgestell 4000 T

Das Ganzstahl-Fahrerhaus bietet drei Personen auf gepolsterten Sitzen Platz. Für die Beifahrer steht eine 1,23 m breite Sitzbank zur Verfügung und für den Fahrer ein in der Länge und der Rückenlehnenneigung verstellbarer Sitzplatz. Kein Motortunnel stört im Innenraum. Von der Antriebseinheit verblieb allein der Kühler und der Luftfilter an der Front, jedoch liegen sie tief unten im Bereich hinter der Stoßstange.

Mit gleichem Radstand wie dem Pritschenwagen - kürzer als 3600 mm geht es bei der Unterflurkonstruktion nun wirklich nicht - bietet Büssing auch eine Kipperversion des Typs 4000. Da die Kippbrücke jedoch nur 3,6 m lang ist, setzt man einfach eine Staukiste in den Raum zwischen Ladefläche und Fahrerhaus. Der mittelstarke Typ 4000 wird auch gern verwendet für spezialisierte Aufbauten, u.a. als Lebensmittelverkaufswagen zur Belieferung der immer weiter ausufernden Wohnsiedlungen der Großstädte und der "auf der grünen Wiese" neu erschlossenen Wohngebiete. Spezialist für solche Umbauten ist die Wuppertaler Firma Clerk, die sogar einen Eisschrank für zwei Stangen Blokkeis installiert. Auch für Montage-Turmwagen mit integrierter Werkstatt (u.a. von Bachert) erweist sich das Unterflur-Fahrgestell 4000 als ideal.

Die Typbezeichnung 4000 entsprach eigentlich nicht der Nutzlast von 4,5 Tonnen. Eine Umbenennung erfolgt 1955, als der kleine Unterflurwagen den Typnamen 4500 U erhält. Doch noch im gleichen Jahr nimmt Büssing nach nur zwei Jahren Produktionszeit die mittelschweren Lastwagen wieder aus dem offiziellen Liefer-Programm (in geringsten Stückzahlen wird das Modell zwar noch bis 1957 gefertigt) und konzentriert sich auf den angestammten lukrativeren Schwerfahrzeugbau. Der kleine Omnibus mit dem U 5-Motor bleibt weiter im Angebot. Die Baureihe 4000/4500 U kann sich mit ihrer vom Gewohnten abweichenden Konzeption nicht gegen die robusten und technisch wenig anspruchsvollen Großserienmodelle der Konkurrenz durchsetzen. So verlassen insgesamt nur 381 Exemplare dieser Reihe die Braunschweiger Werkstore, während Rivale Daimler-Benz allein im Jahre 1955 13047 Fahrzeuge des konkurrierenden L 4500/L 312 fertigt.

Typ 4000 mit Langmaterialaufbau von Schorn, Duisburg

1954

7500 U - der Goldene Schnitt im Lastwagenbau

Die schweren 13 Liter-Maschinen tragen noch nicht dazu bei, den Unterflurmotor im Lastwagenbau sehr populär zu machen. Erst die Ende 1954 erscheinende Baureihe 7500 U bedeutet den eigentlichen Durchbruch für das zukunftsweisende Konzept. Im Hinblick auf kommende strengere Gewichtsvorschriften legten die Konstrukteure besonderen Wert auf ein günstiges Verhältnis von Eigengewicht und Nutzlast. Zwar weiß noch keiner so recht, welche exakten Forderungen sich der Verkehrsminister ausdenken wird, doch man versucht, "seebohmsicher" zu konstruieren. Im Zuge dieser Zielsetzung muß der voluminöse U 13-Diesel Platz machen zugunsten des leichteren 10 Liter-Motors mit 150 PS. Der neue Sechszylinder U 10 ist unmittelbar verwandt mit der stehenden Maschine S 10 aus dem Haubenwagen-Typ 7500 S. Im Baukastenverfahren verwendet Büssing weitgehend gleiche Komponenten. Wie alle Büssing-Motoren arbeitet der U 10 nach dem Vorkammersystem mit gesteuerter Wirbelbildung. Ein Zylinderkopf überdeckt jeweils zwei Zylinder. Etwas komplizierter als bei herkömmlicher Installation ist die Ansaugung der Verbrennungsluft.

Dafür befindet sich ein Ölbadluftfilter unmittelbar hinter der rechten vorderen Stoßstange. Von dort führt eine Rohr-Schlauch-Leitung zu den seitlich liegenden Zylinderköpfen. Nach Öffnen einer Abdeckklappe sind diese bequem von außen zu erreichen. Da der Motor in Fahrtrichtung rechts angeordnet ist, können unterwegs auftretende Reparaturen ohne Gefährdung durch vorbeifahrenden Verkehr direkt am Straßenrand durchgeführt werden. Bevor der Unterflur-Motor zum Einsatz im Lastwagen kam, hatte er bereits seine Bewährungsprobe in Tausenden von Trambussen hinter sich. Ein hohes Drehmoment erreicht der 150 PS-Motor bereits bei 900 Umdrehungen, welches bis zu einer Drehzahl von 1500 durchzieht. So braucht auch bei Autobahnsteigungen höchstens in den vierten Gang zurückgeschaltet werden. Dies gilt jedoch nur bei Verwendung als Solowagen. Mit beladenem Anhänger bleiben bei einem möglichen Gesamtzuggewicht von 39,4 t gerade noch eine Leistung von 3,8 PS pro Tonne, so daß schon leichte Steigungen für einen rapiden Abfall der Geschwindigkeit sorgen.

Am 8. Dezember 1954 bricht eine Karawane von sieben Wagen des Typs 7500 U vom Werk

7500 U mit Aufbau von Schmitz, Altenberge

Braunschweig aus sternförmig zu einer Vorführfahrt in alle großen Städte Deutschlands auf. Alle sind sie als Fernverkehrswagen ausgestattet, lindgrün lackiert und beladen mit je 9 Tonnen Sand. Auf einen Anhänger wird jedoch verzichtet. Die harten Konditionen winterlicher Straßen sind eigentlich nicht die üblichen Bedingungen für die Vorstellung eines neuen Modelles. Doch die Büssing 7500 U schlagen sich tapfer und zeigen, was in ihnen steckt, daß vor allem die von vielen noch skeptisch beäugte Unterflurkonstruktion mit ihrer günstigen Schwerpunktlage und der gleichmäßigeren Verteilung der Last auf beide Achsen gerade im Winterbetrieb und auf ungünstigen Fahrbahnbedingungen ihre Vorteile besonders ausspielen kann.

7500 U (Aufbau und Kabine: Niermann, Bad Bentheim)

7500 U

Motor	Typ U 10
	Unterflur-Vorkammer-Diesel
Zylinder	6
Leistung PS	150
Max.Drehzahl U/min	2000
Hubraum ccm	9850
Bohrung mm	118
Hub mm	150
Getriebe	6-Gang-Allklauen
Radstand mm	4550
Zul. Gesamtgewicht t	15,0

Die Tester vieler Publikationen ergehen sich in Lobeshymnen. Von allen wird hervorgehoben der optimale Nutzlastfaktor . Erstmals steht hier ein Schwerlastwagen, der mehr trägt als er selbst wiegt. Einem Eigengewicht von etwa 6 t steht eine Nutzlast von ca. 8 t gegenüber. Zeitungen sprechen daher von "Büssings Goldenem Schnitt beim Lastkraftwagen". Auch in Bezug auf die nutzbaren Längen stellt sich der neue 7500 U als absolut "seebohmsicher" dar (man rechnet mit einer Festschreibung der Lastzuglänge auf maximal 18 m). Bei 7,7 Metern Gesamtlänge des Motorwagens bleibt beim 7500 U eine lichte Länge des Wagenkastens von 6 m.

Mit einem Wendekreis von 18,5 m zeigt sich der neue Büssing auch in engen Gassen von seiner besten Seite. Der Fahrer sitzt direkt hinter der Stirnwand und genießt so optimale Übersicht über das Verkehrsgeschehen. Seine Arbeit wird zusätzlich erleichtert durch eine auf Wunsch installierte

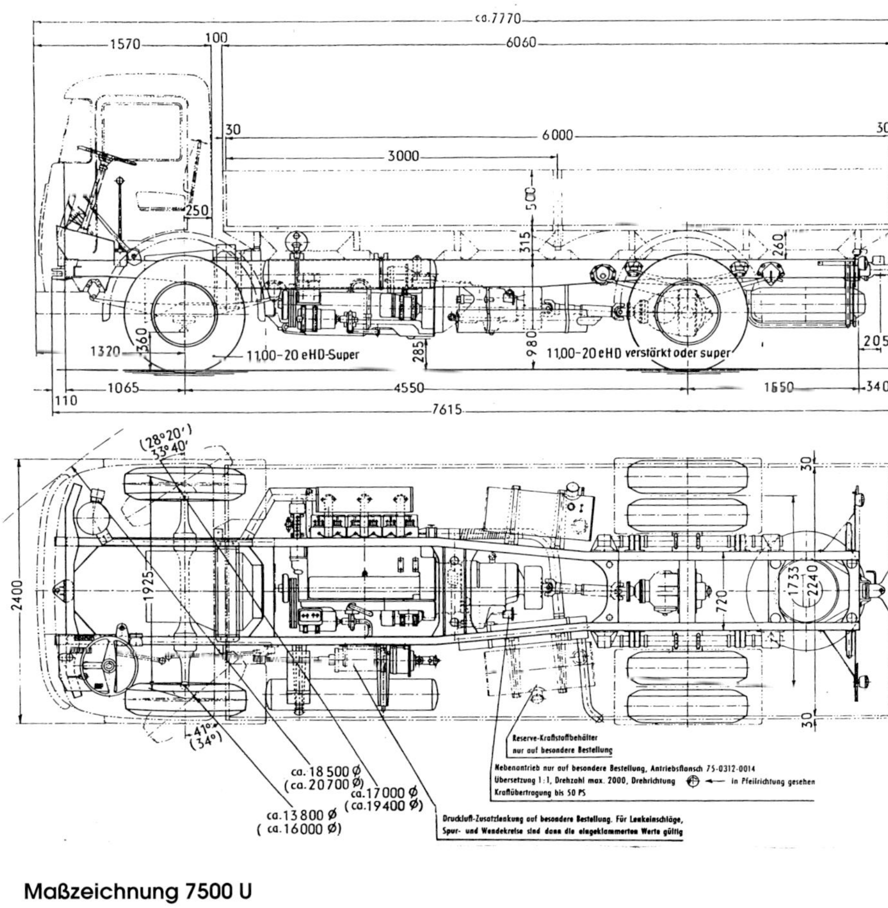

Maßzeichnung 7500 U

Kofferaufbau auf 7500 U von Schölch, Kassel

7500 U

7500 U mit Imhof-Aufbau

servounterstützte Schneckenlenkung. Bei stärkerem Lenkeinschlag öffnen sich Druckluftventile und füllen kleine Zylinder, deren Kolben das Steuergestänge bedienen. Den Platz in der Kabine muß die Mannschaft sich mit keinem Motorkasten teilen, unter dem eine stinkende und dröhnende und Hitze ausstrahlende Maschine lärmt. In weitgehender Ruhe finden drei Personen auf gepolsterten Sitzen bequem Platz. Die Innenausstattung strahlt Wohnzimmeratmosphäre aus, mit holzvertäfelter Türverkleidung und der zu dieser Zeit nicht selbstverständlichen serienmäßigen Heizanlage.

Die Kraftübertragung erfolgt über eine mechanisch betätigte Einscheibentrockenkupplung und führt weiter zu einem Sechsgang-Allklauengetriebe aus Büssing-eigener Fertigung. Der 6.Gang ist als Schnellgang ausgelegt. Der Hinterachsantrieb mit spiralverzahntem Kegelräderpaar und schrägverzahntem Stirnradvorgelege ist wahlweise 8,6 oder 7,8 übersetzt.

Die Rahmenkonstruktion des Fahrgestells besteht aus zwei U-Profil-Längsträgern mit eingenieteten Querträgern. Die vorderste Traverse trägt einen Kasten mit den Fußpedalen und auf einem Rohr das Armaturenbrett.

Gebremst wird druckluft-hydraulisch, wobei den hydraulischen Teil die Firma Ate beisteuert und die Einkammer-Druckluftanlage von Westinghouse oder Knorr stammt. Die Druckluft wirkt im Prinzip als Bremshilfe. Noch immer ist die Feststellbremse eine am Getriebeausgang angebrachte Bremstrommel, die als Innenbakkenbremse mechanisch betätigt wird. Als dritte Bremse steht eine Auspuffklappenmotorbremse zur

7500 U (oben), 7500 U Sattelzugmaschine mit dem langen Pritschenwagen-Radstand (Mitte) und 7500 U mit Kofferaufbau von Ackermann (unten)

Verfügung, bedient über einen Fußhebel neben dem Kupplungspedal. Den 7500 U gibt es serienmäßig nur als Fernverkehrswagen in einer einzigen Radstandsausführung (4550 mm). Wahlweise werden kurze oder lange Kabinen geliefert, die kurze Version auch mit in den Laderaum hineinragendem Schwalbennest.

1955

Neue 7- und 11-Liter-Motoren

Zur Frankfurter Automobilausstellung im Herbst 1955 krempelt Büssing sein Lastwagen-Programm komplett um. Eine ganze Palette neuer Modelle steht auf dem Stand der Braunschweiger. Doch im Prinzip sind alle zurückzuführen auf zwei neue Motoren, eine 130 PS leistende 7 Liter-Maschine und einen 170 PS starken 11 Liter-Motor. Beide können unter Verwendung weitgehend gleicher Komponenten als liegende Unterflur-Konzeptionen oder in stehender Ausführung geliefert werden. Um diese herum entwickelten die Techniker vier Lastwagen-Baureihen in Unterflur- und Hauben-Bauweise. Neu ist auch das Typenschema, bestehend aus dem Kürzel LS für Lastwagen mit stehendem Motor und LU für Unterflurwagen. Danach folgt eine Zahl, die den ungefähren Hubraum in Litern angibt. So erscheinen 1955 die Typen LS 7 und LU 7 mit 7 Liter-Diesel in der 6,5 t-Nutzlastklasse und die 11 Liter-Typen LS 11 und LU 11 als 8,5 Tonner. Optisch lassen alle vier eine Ähnlichkeit mit bisherigen Konstruktionen erkennen.

Als Weiterentwicklung des Typs 7500 U erscheint der LU 11. Äußerlich ist er nur bei genauerem Hinsehen von seinem Vorgänger zu unterscheiden. Unterhalb der Büssing-Spinne, wo bislang eine einfache Klappe ein Zugmaul verdeckte, tritt jetzt die Kühlluft durch ein zusätzliches Gitter ein. Auf der rechten Seite fällt die neu gestaltete Motorverkleidung und ein runder Tank anstelle des eckigen Kraftstoffbehälters auf.

LU 11, LU 11/16, LU 11 Allrad

Motor	Typ U 11
	Unterflur-Vorkammer-Diesel
Zylinder	6
Leistung PS	170
Max.Drehzahl U/min	2000
Hubraum ccm	10870
Bohrung mm	122
Hub mm	155
Getriebe	6-Gang-Allklauen
Allrad:	mit 2-Gang-Verteiler
Radstand mm	
LU 11 Pritsche	4550
LU 11 Allrad	4630
LU 11/16 Pritsche	4800
Zul.Gesamtgewicht t	
LU 11	15,3
LU 11 Allrad	15,0
LU 11/16	16,0

Der Hubraum des Sechszylinder-Vorkammer-Diesels wurde durch Vergrößerung von Bohrung und Hub auf 10870 ccm erhöht, womit Leistung (von 160 auf 170 PS) und maximales Drehmoment (von 62 auf 69 mkg) anstiegen. Eingebaut ist das mit dem Sechsgang-Getriebe aus Büssing-eigener Fertigung zu einem Block zusammengefaßte Aggregat im Bereich hinter der Vorderachse und bringt so eine günstige Verteilung der Last auf beide Achsen. Um noch eine ausreichende Bodenfreiheit zu gewährleisten, ist der Rahmen an dieser Stelle nach oben gekröpft. Durch die höher liegenden Längsträger können die Hinterachsfedern direkt unter dem Rahmen montiert sein und vermeiden so unnötige Biegebeanspruchungen

Je zwei der in Reihe liegenden Zylinder sind unter einem gemeinsamen Zylinderkopf zusammengefaßt. Die nassen Zylinderlaufbüch-

LU 11in der ersten Ausführung mit nach hinten öffnenden Türen (Aufbau: Ackermann)

LU 11 aus einer der ersten Serien (oben) und LU 11 in späterer Version mit nach vorn öffnenden Türen und Siloaufbau von Spitzer, Mosbach

LU 11 mit Aufbau von Ewers, Meschede (oben) und Maßzeichnung von 1956 (unten)

sen sind wie beim Vorgänger auswechselbar. Der Ölbadluftfilter, der bislang hinter der Stoßstange lag, ist an den Motor herangezogen, holt aber über eine lange Rohrleitung die Atemluft aus dem staubarmen Bereich an der Front. Ebenso wird der hinter der Vorderachse plazierte Kühler durch einen Luftschacht mit der Stirnwand verbunden. Neu ist ein Wärmetauscher, der bei kalter Maschine das Schmieröl am Kühlwasser aufwärmt (dieses erwärmt sich durch einen Kurzschlußkreislauf anfangs sehr schnell) und bei heißem Motor das Wasser zur Kühlung des Öles nutzt. Die Hinterachse ist als Pistolenachse ausgeführt. Bei dieser muß die relativ kurze Kardanwelle nicht mehr in einem extrem starken Neigungswinkel zum Differential geführt werden. Sie wirkt vielmehr auf eine Kegelradübersetzung, die oberhalb des mit dem Stirnrad verschraubten Differentials angreift. Die Bremsanlage mit Druckluft-Öldruck-Fußbremse und feststellbarer Getriebebremse ist vom Vorgänger übernommen, jedoch durch breitere Beläge und ein geändertes Trittplattenventil optimiert. Die Auspuffbremse wird über einen Fußknopf elektro-hydraulisch bedient.

Die bisherige druckluftunterstützte Büssing-eigene Lenkung mußte einer ZF-Gemmer-Ausfüh-

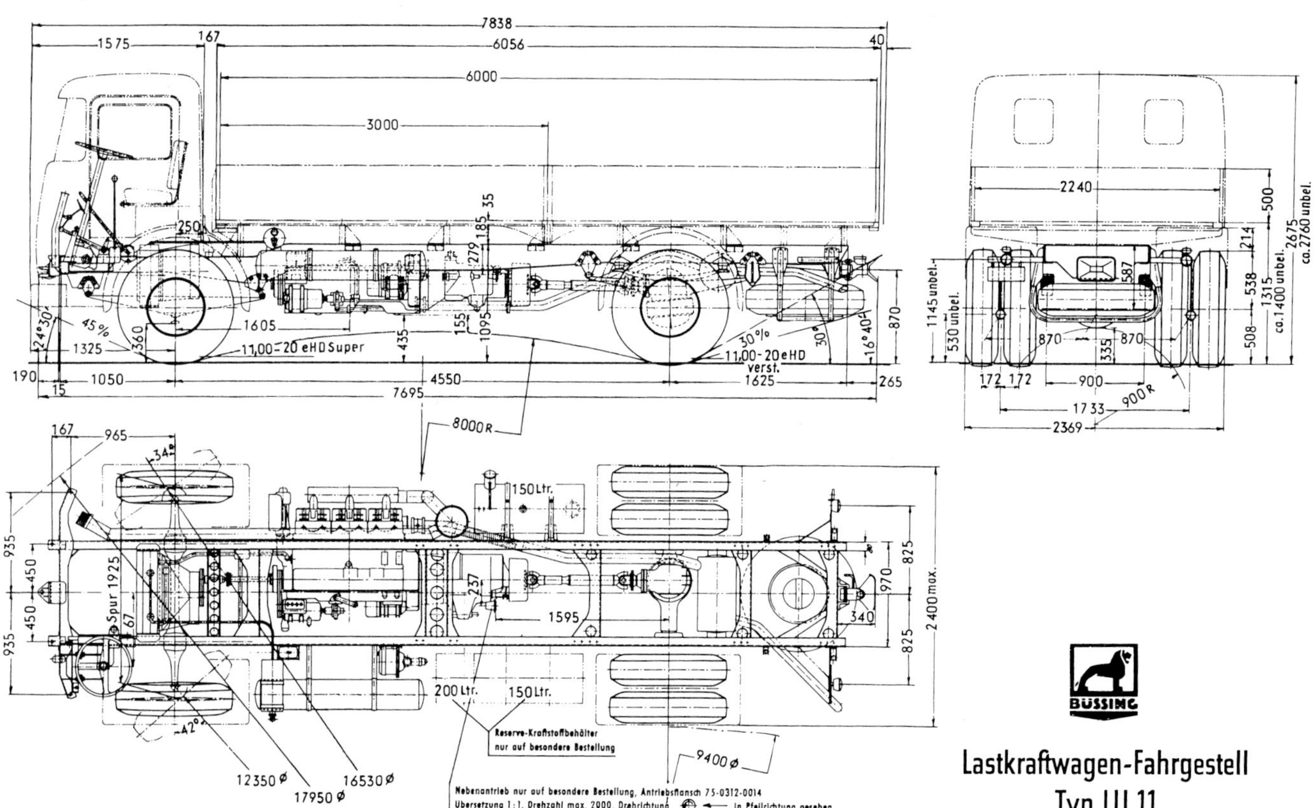

rung weichen, die ohne eine zusätzliche Lenkhilfe auskommt. Das Lenkrad liegt fast waagerecht und ermöglicht eine entspannte Armauflage. Die Ganzstahlfahrerhäuser sind in drei Ausführungen lieferbar. Normal ist die kurze Ausführung A. Die Ausführung B ist 40 cm länger, so daß die gepolsterte Beifahrerbank weiter hinten liegt als der verstellbare Fahrersitz. Nach Hochklappen der Rückenlehne entstehen zwei Ruhemöglichkeiten. Als Ausführung D wird eine angehängte, in den Laderaum ragende Schafkoje mit einer 40 cm breiten Liege geliefert. Alle Kabinen werden werksseitig mit einer "Klimaanlage" geliefert, das heißt, mit Heizung und Lüftung.

LU 7

Motor	Typ U 7 Vorkammer-Diesel
Zylinder	6
Leistung PS	130
Max.Drehzahl U/min	2400
Hubraum ccm	6750
Bohrung mm	105
Hub mm	130
ab Sept. 1957	
Motor	Typ U 7/145 Vorkammer-Diesel
Zylinder	6
Leistung PS	145
Max.Drehzahl U/min	2500
Hubraum ccm	7150
Bohrung mm	106
Hub mm	135
Getriebe	5-Gang-Synchron
Radstand mm	3750 o. 4200
Zul. Gesamtgewicht t	12,0

Der kleinere Bruder des LU 11 ist der 6,5 Tonner LU 7. Auch sein liegender Sechszylinder-Reihen-Diesel arbeitet nach dem Vorkammerprinzip mit gesteuerter Wirbelbildung. Im Gegensatz zum 11 Liter-Motor sind jeweils drei Zylinder unter einem gemeinsamen Kopf untergebracht. Der Kühler liegt unterhalb der Fahrerkabine unmittelbar vor der Vorderachse.

LU 7 Kühlwagen mit Ackermann-Aufbau

LU 7 Pritschenwagen

LU 11 (erkennbar an dem langen Luftbehälter vor dem Tank) in späterer Ausführung

Prospekt von 1955. Unten: Maßzeichnung von 1956

Angeblockt an die 130 PS-Maschine ist ein fünfgängiges Synchrongetriebe aus hauseigener Fertigung. Die Schaltung erfolgt über Gestänge vom Lenkstock aus.

Der Rahmen des LU 7 aus miteinander vernieteten Längs- und Querträgern ist schmaler ausgeführt als beim stärkeren Stallgefährten LU 11. So müssen die Federn seitlich an den Längsträgern in angenieteten Laschen aufgehängt sein. Zur Erreichung einer Bodenfreiheit unterhalb des Motors von vollen 40 cm muß jedoch auch hier der Rahmen hinter der Vorderfeder nach oben hin gekröpft werden. So begegnet Büssing dem Vorurteil vieler Unterflurgegner, die behaupten, daß beim Überfahren von Geländewellen der Lastwagen im Mittelbereich aufsetzt und den dort hängenden Motor verletzt. Dies ist besonders relevant beim Einsatz von Baustellen-Kippern, die Büssing ebenfalls auf der Basis des LU 7 anbietet.

Auch beim LU 7 ist der Hinterachsantrieb in Pistolenform konzipiert, so daß die Kardanwelle nicht in einem übermäßig starken Neigungswinkel auf das Differential trifft. Die gesamte Bremsanlage ist weitgehend gleich mit dem schwereren Bruder, ebenso wie die Kabinenausstattung mit stoffbespanntem Himmel und holzvertäfelten Türfüllungen (auch hier in drei Ausbauvarianten). Allein die Handgasbetätigung fehlt beim LU 7. Grundlegend anders, und somit auch optisches Unterscheidungsmerkmal der beiden Unterflurbaureihen ist die Aufhängung der Türen. Während der LU 11 noch "Selbstmördertüren" hat, die vorn öffnen und so einen bequemen Einstieg über die Trittstufen vor der Vorderachse ermöglichen, schlagen die Türen des LU 7 nach vorn hin, so daß das Fahrpersonal nur bei voller Öffnung ohne Verrenkungen in die Kabine gelangt. Spätere Mo-

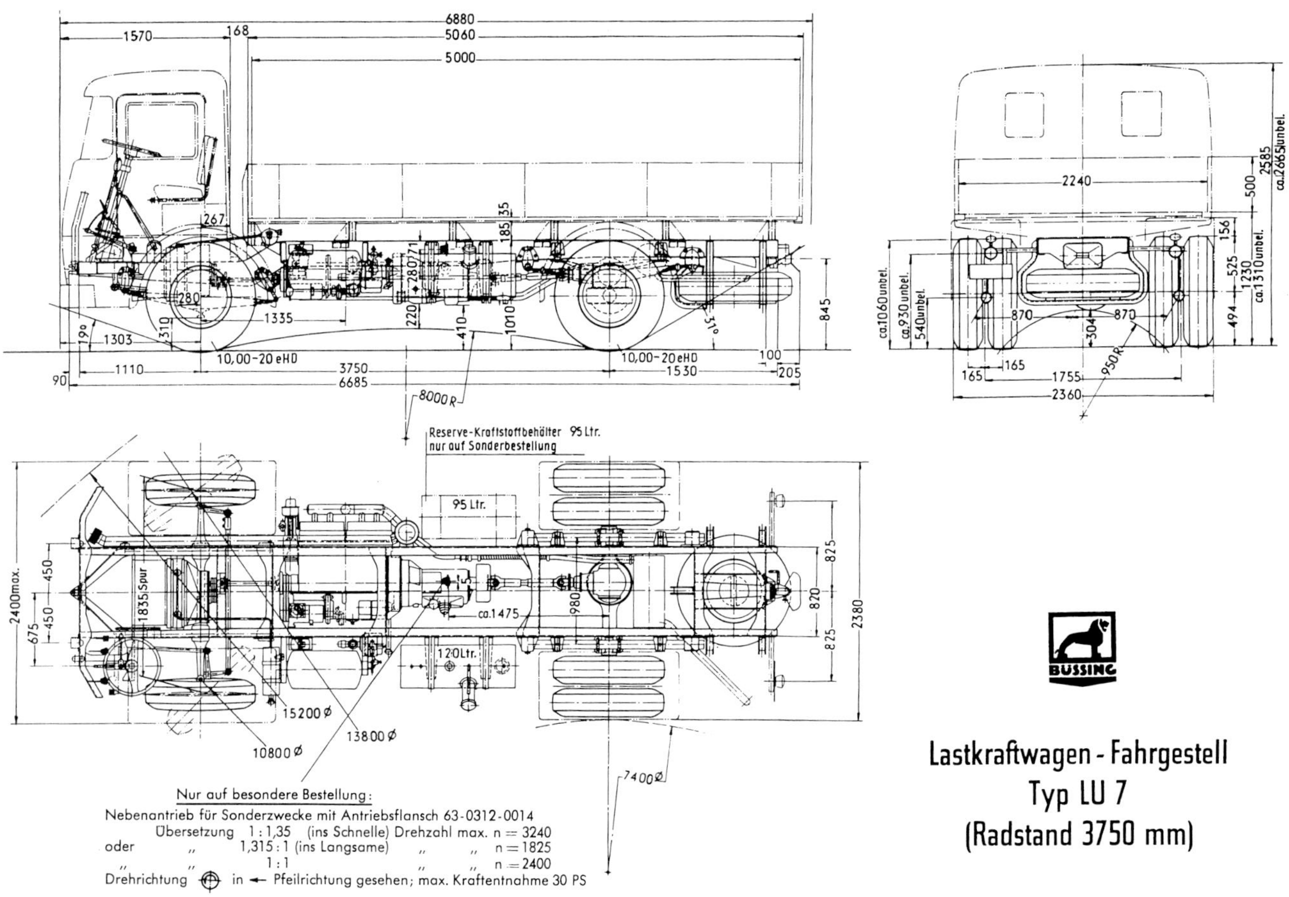

delle des LU 11 erhalten übrigens ähnliche Türen wie der LU 7, da die alte Anordnung nicht mehr zulässig ist.

Eine Besonderheit, die ebenfalls zur IAA 1955 erscheint, ist der erste serienmäßige Allradwagen mit Unterflurmotor. Beim neuen LU 11 Allrad haben sich die Büssing-Techniker selbst übertroffen. Galt es doch, gleichzeitig den voluminösen liegenden 11 Liter-Diesel unter dem Rahmen unterzubringen, als auch eine Antriebswelle von dem hinten am Motor angeblockten Getriebe zur Vorderachse zu führen. Während die Verbindung zur Hinterachse über eine kurze Kardanwelle erfolgt, ist der Antrieb nach vorn hin in zwei Gelenkwellen unterteilt, dazwischen ein am Seitendeckel des Motors angeflanschtes Zwischenlager.

Der Vorderradantrieb kann während der Fahrt vom Fahrersitz zu- bzw. abgeschaltet werden. Vorder- und Hinterachse sind mit Kegel- und Stirnradübersetzungen ausgerüstet. Den im Gelände auftretenden Verdrehungen und Verschränkungen trägt der Rahmen aus gepreßtem Stahl Rechnung. Er ruht vorn und hinten auf langen Halbelliptikfedern. Über der Hinterachse sind zusätzliche Stützfedern angebracht. Das sechsgängige Allklauengetriebe ist kombiniert mit einem angeflanschten Verteilergetriebe mit elektropneumatisch zuschaltbarem Berggang im Verhältnis 1 : 1,4. Fahrerhaus und die sonstige technische Konzeption entsprechen den normalen LU 11-Modellen. Da die komplizierte Antriebsführung einen Mindest-Radstand von 4630 mm erfordert, kann der LU 11 Allrad nicht sinnvoll als Baustellenkipper eingesetzt werden, sondern nur mit längeren festen Aufbauten. In dieser Marktnische ist die Nachfrage jedoch so gering, daß Büssing die exklusive Konstruktion wieder in der Schublade verschwinden läßt. Auch ein für die neu gegründete Bundeswehr entwickelter Prototyp LU 11 AW mit Allradantrieb, 11 Liter-Unterflurmotor und eckiger Frontlenkerkabine kommt über das Erprobungsstadium nicht hinaus. Die Militärbeschaffer favorisieren konventionelle Haubenwagen-Konstruktionen von MAN und Daimler-Benz.

LU 11 Allrad mit Meiller Mulden-Hinterkipper

LU 11 AW als allradgetriebener Prototyp für die Bundeswehr

LS 11 Kipper. Unten: Maßzeichnung von 1955

Die erwarteten strengen Vorschriften über Gewichte und Abmessungen der Lastzüge schweben wie ein Damoklesschwert über dem Speditionsgewerbe. Eine optimale Ausnutzung der nutzbaren Länge ist gefragt, und hierbei spielt die Unterflurkonzeption ihre besonderen Tugenden aus. Doch immer noch gibt es konservative Kräfte unter den Unternehmern, die sich nicht vorstellen können, daß ein "im Straßendreck hängender" Motor ausreichend zuverlässig arbeiten kann, und Fahrer, die sich ohne die massige Schnauze vor einem Frontalaufprall fürchten. Für diese hat Büssing immer noch konventionelle Haubenwagen-Reihen im Programm. Obwohl die Modelle LS 7 und LS 11 auch als Pritschenwagen für den Fernverkehr angeboten werden, finden die Hauber hauptsächlich einen Markt als Baustellenkipper, auch mit Allradantrieb, oder als Sattelzugmaschinen. Der LS 7 löst die Baureihe 6000 S ab, die nur noch für Exportzwecke angeboten wird. Von dieser unterscheidet sie sich optisch durch die etwas weiter vorn angeordnete Kabine und die wie beim 7500 S waagerecht an die Haubenseiten herangeführten Kotflügel. Durch die geänderte Fahrerhauslage müssen die Türen an der Vorderkante unten schräg angeschnitten werden, während der Vorgänger rechtwinklige Unterkanten besaß. Beim LS 11 mit der größeren Maschine fällt die Haube länger aus, und so sitzt die Kabine so weit hinten, daß ein Anschneiden der Türkanten nicht nötig ist. Er gleicht damit dem Vorgängertyp 7500 S.

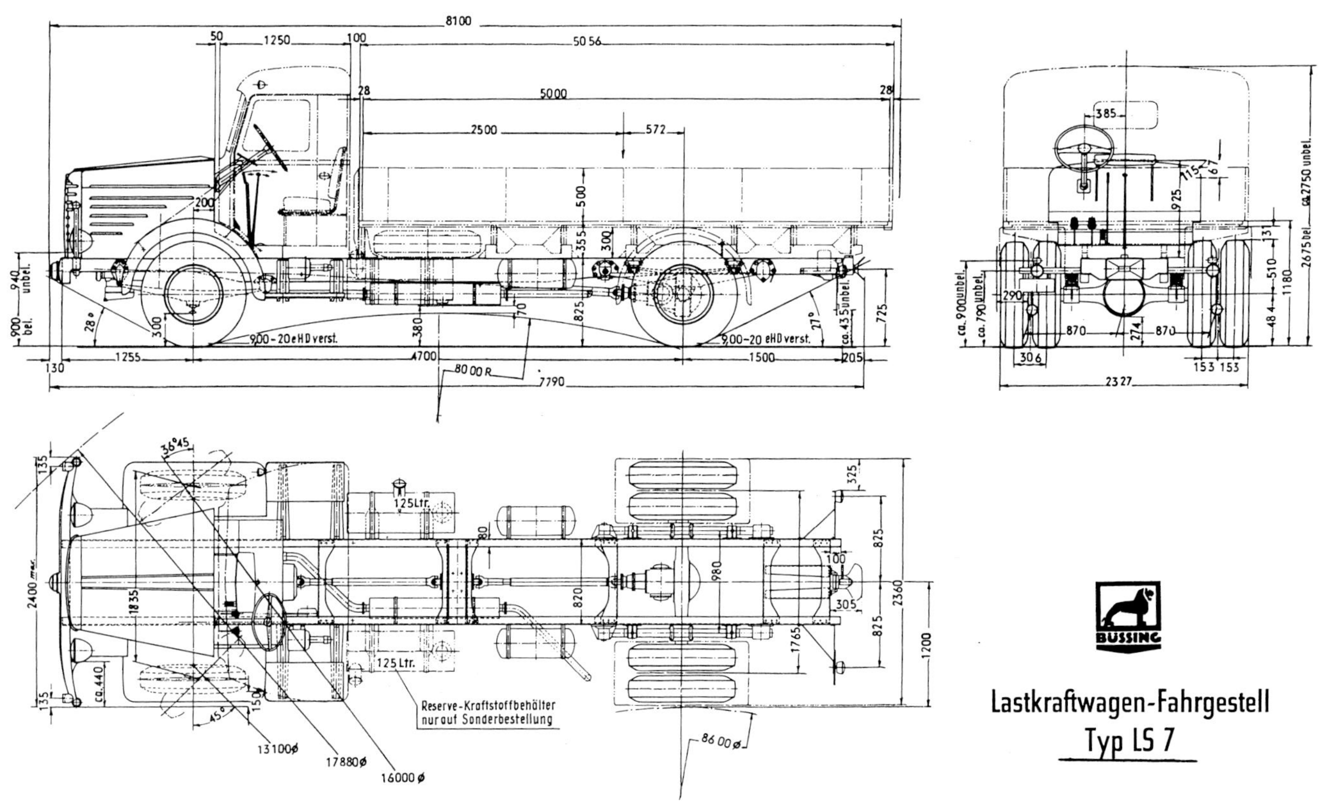

LS 7 Sattelschlepper mit Strüver Tankauflieger. Charakteristisch für die LS 7-Typen sind die vorn unten schräg angeschnittenen Fahrerhaustüren.

<u>LS 7, LS 7 F</u>

Motor	Typ S 7 Vorkammer-Diesel
Zylinder	6
Leistung PS	130
Max.Drehzahl U/min	2400
Hubraum ccm	6750
Bohrung mm	105
Hub mm	130
<u>ab Sept. 1957</u>	
Motor	Typ S 7/145 Vorkammer-Diesel
Zylinder	6
Leistung PS	145
Max.Drehzahl U/min	2500
Hubraum ccm	7150
Bohrung mm	106
Hub mm	135
Getriebe	5-Gang-Synchron
Radstand mm	
Pritsche	4700 (ab 1958:4900)
Kipper	4300
Allrad-Kipper	4300
Sattelschl.	3600
LS 7 F Kipper u. Sat.	3050
Zul. Gesamtgewicht t	
LS 7 Pritsche	11,1 (ab 1956: 11,85; ab 1958: 12,0)
LS 7 Kipper	11,1
LS 7/LS 7 F Kip/Sat.ab 1956:	12,0

Die stehenden Motoren der Baumuster S 7 bzw. S 11 stammen aus dem gleichen Baukasten wie die Unterflureinheiten. Auch bei ihnen ist jetzt neu ein Wärmetauscher installiert. Im Gegensatz zu den Unterflurmodellen kann der Rahmen der Haubentypen ohne Kröpfung von vorn bis hinten gerade durchlaufen. Anstelle der Pistolenachse der LU-Modelle ist eine herkömmliche starre Banjoausfüh-

LS 7 Allrad

LS 11 Exporttyp mit Rechtslenkung und verstärktem Rahmen

rung mit Stirnradvorgelege eingebaut. Auch die Konzeption der Bremsanlage mit Druckluft-Öldruck-Fußbremse, Getriebe-Handbremse und zusätzlicher Motorbremse ist identisch.

Serienmäßig wird die LS-Baureihe mit einem kurzen Fahrerhaus in Holz-Stahl-Bauweise geliefert. Auf Wunsch kann auch eine um 40 cm verlängerte Kabine geboten werden oder eine Schwalbennest-Ausführung.

LS 11

Motor	Typ S 11 Vorkammer-Diesel
Zylinder	6
Leistung PS	170
Max.Drehzahl U/min	2000
Hubraum ccm	10870
Bohrung mm	122
Hub mm	155
Getriebe	6-Gang-Allklauen
Radstand mm	
Pritsche	5350 o. 5600
Kipper	4800
Sattelschlepper	4000
Zul.Gesamtgewicht t	
Pritsche	14,5 (ab 1956: 14,6)
Kipper	14,8 (ab 1956: 15,15)
Sattelschl.	14,5 (ab 1956: 15,0)

Da Motor, Getriebe und Gelenkwelle als hintereinandergeschaltete Einheit ihren Platz unter dem Fahrzeugrahmen brauchen, können die Unterflur-Fahrzeuge nicht beliebig kurz gestaltet werden. Bei Dreiseitenkippern kann man noch Kompromisse eingehen und irgendwelche Bauelemente zwischen Fahrerhaus und Ladebrücke anordnen, doch geht dabei der Hauptvorteil der Unterflurbauweise, die optimale Nutzung des

LS 11 F Zugmaschine. Unten: LS 7 F Sattelschlepper von 1957

Verkehrsraumes, verloren. Da der Gesetzgeber die Unternehmer vorab wissen läßt, daß ab 1958 keine Konzession mehr erteilt wird, wenn

LS 11 Sattelschlepper. Unten: LS 11 F mit Ackermann-Auflieger

der Fuhrpark keine Sattelschlepper enthalte, stürzen sich alle Lastwagen-Hersteller auf diese bislang nicht besonders populäre Konzeption. Bei deren Zugmaschinen läßt sich innerhalb des kurzen Radstandes beim besten Willen kein unterflur liegender Antriebsstrang mehr einbauen. Die Büssing-Techniker lösen dieses Pro-blem, indem sie ein Zwitter kreieren, einen Frontlenker mit der Kabine der LU-Reihe und darin untergebrachten stehenden Maschinen aus den Reihen S 7 und S 11. So entstehen die Lastwagen-Typen LS 7 F und LS 11 F. Diese ergänzen als Kipper und als Sattelzugmaschinen ab 1956 das Büssing-Nutzfahrzeug-Angebot.

Durch die im Fahrerhaus stehende Maschine bleibt von der berühmten Geräumigkeit der Büssing-Häuser nicht mehr viel übrig. Der durch eine Blechverkleidung abgedeckte Motorkasten, der die gesamte Mitte bis hin zur Rückwand einnimmt, ist zwar durch eine wattierte Kunstlederhaube zusätzlich isoliert, doch dringen Geräusche und Motorwärme in den Innenraum, Belästigungen, die die Kapitäne der Unterflurwagen schon lange überwunden glaubten. Zum Glück stellt sich der Sechszylinder-Diesel als eine der laufruhigsten Vorkammermaschinen dar. Die Vorderachse der Frontlenker ist als gekröpfte starre Faustachse kon-

LS 11 F von 1957 mit Meiller-Kipper. Unten: Maßzeichnung von 1957

struiert, während die hintere in der Büssing-üblichen Pistolenform ausgebildet ist. Serienmäßig ist eine ZF-Gemmer-Schneckenrollen-Lenkung eingebaut. Die hydraulische Einkreisbremsanlage wirkt auf alle vier Räder und wird durch Druckluft unterstützt. Beim LS 7 F mit 130 PS-Maschine wird ein fünfgängiges Synchrongetriebe vom Lenkrad her geschaltet, während das Allklauengetriebe des LS 11 F sechs über einen herkömmlichen Hebel bediente Gänge aufweist.

LS 11 F

Motor	Typ S 11 Vorkammer-Diesel
Zylinder	6
Leistung PS	170
Max.Drehzahl U/min	2000
Hubraum ccm	10870
Bohrung mm	122
Hub mm	155
Getriebe	6-Gang-Allklauen
Radstand mm	
Kipper	3600
Sattelschlepper	3000
Zul.Gesamtgewicht t	15,3 (ab 1957: 16,0)

Mit einer von 11.00-20 auf 12.00-20 verstärkten Bereifung sind LU 11 und LS 11 F ab 1957 für ein Gesamtgewicht von 16 t zugelassen (bislang 15,3 t). Das zu-

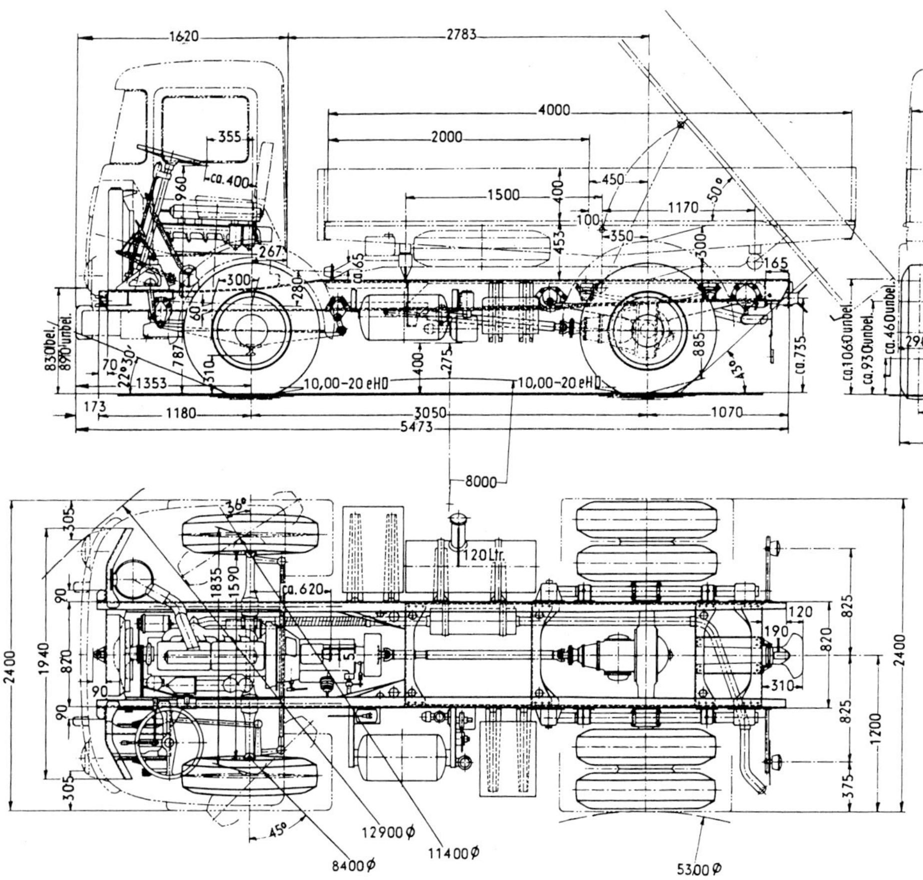

Nebenantrieb für Kipper m. angeflanschter Meiller-Pumpe
Übersetzung 1 : 1 Drehzahl max. n = 2400
Meiller-Pumpe läuft mit ca. n = 800
Kraftentnahme 5 – 6 PS
Drehrichtung in ← Pfeilrichtung gesehen.

Lastkraftwagen-Fahrgestell
Typ LS 7 Frontlenker-Kipper

LS 11 F mit Kühlwagen-Auflieger von Ackermann, Maßzeichnung LS 11 F Sattelschlepper und Kässboher-Auflieger auf LS 11 F

lässige Gewicht des Haubenwagens LS 11 bleibt jedoch bei 14,6 t. Nach Verabschiedung der 6 PS pro Tonne-Formel reichen für die Modelle LS 7, LS 7 F und LU 7, die in einer 24 Tonnen-Lastzugkombination (Motorwagen und Hänger je 12 t) gefahren werden dürfen, die 130 PS der 6,75 Liter-Maschine nicht mehr aus. Daher wird 1957 durch eine Hubraumvergrößerung auf 7,15 Liter die Leistung des S 7- bzw. U 7-Motors auf 145 PS erhöht.

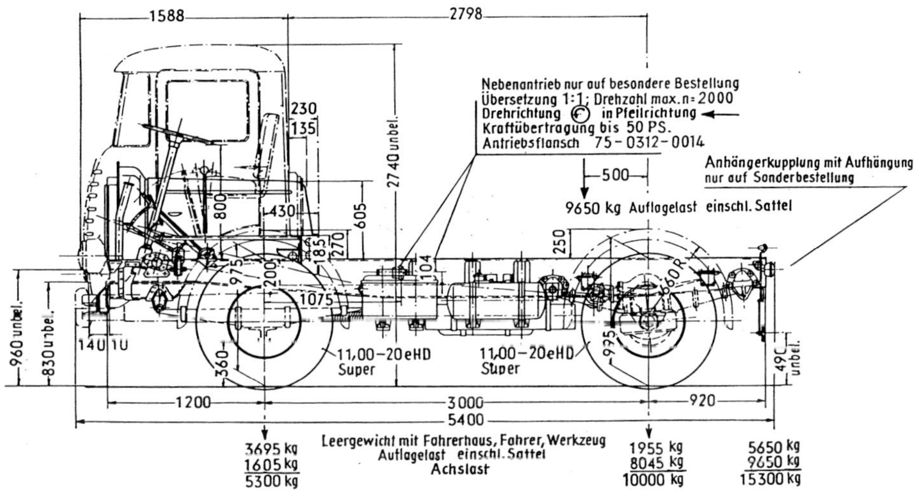

1957

Die Rückkehr des "Burglöwen"

LS 5 mit Borgward-Kabine und Meiller-Kipper. Unten: LS 5 mit Borgward-Kabine und Haller Tanksattelauflieger

Der Lastwagen mit seinen flexiblen Einsatzmöglichkeiten ist der ärgste Konkurrent der Bundesbahn. So gibt sich die Regierung die größte Mühe, dem mit enormen Verlusten arbeitenden bundeseigenen Transporteur die unliebsame Gegnerschaft vom Halse zu halten. Beliebtestes Instrument hierzu sind damals wie heute gesetzliche Vorschriften, die den Straßenverkehr einschränken. Das Jahr 1956 wird zum Schreckensjahr des deutschen Straßentransportgewerbes. Die Vorschriften des Bundesverkehrsministers Hans-Christoph Seebohm treten im März 1956 in Kraft und beschränken die Länge der Lastzüge auf 14 m, das Gesamtgewicht des Zuges auf 24 t und den Einzelachsdruck auf 8 t. Gleichzeitig wird eine Leistung von mindestens 6 PS pro Tonne Gesamtgewicht vorgeschrieben. Die Speditionsunternehmer sind geschockt. Sie können es sich nicht vorstellen, daß sie der Gesetzgeber so im Regen stehen lassen und sie im europäischen Konkurrenzkampf zu bedeutungslosen Außenseitern degradieren will. Sie hoffen auf ein Einsehen und fahren im Rahmen der Übergangsbestimmungen ihre alten Fahrzeuge weiter. Neue Wagen werden jedoch zunächst nicht bestellt. Die Nutzfahrzeughersteller, vor allem Firmen wie Büssing, deren Domäne die schweren Kaliber waren, stehen vor leeren Auftragsbüchern. Die wenigen Auslandsaufträge können die Kapazitäten der Fabriken nicht füllen. So macht man sich hektisch daran, Alternativen zu den bisherigen Pro-

duktionsprogrammen zu entwickeln. Da sich die Fernverkehrsbetreiber zurückhalten, bleibt allein noch der Verteilerverkehr im Kurzstreckenbetrieb.

LS 5, Burglöwe LS 55, LS 75

Motor	Typ S 5
	Vorkammer-Diesel
Zylinder	6
Leistung PS	110 / 115
Max.Drehzahl U/min	2600
Hubraum ccm	5430
Bohrung mm	96
Hub mm	125
Getriebe	5-Gang-Synchron
Allrad-Kipper	mit 2-Gang-Verteiler
Radstand mm	
LS 5 Pritsche	4650 o. 5150
LS 5 Kipper	4100
LS 5 Allrad-Kipper	4000
LS 5 Sattelschl.	3100
LS 55 Pr. 8,4 t	4000 o. 4400
9,15 t	4200 o. 4700
10,2 t	4300 o. 4800
LS 55 Kipper 3500 (ab1960: 3700)	
LS 55 Allr.Kip.3700 (ab1960: 4000)	
LS 55 Sattelschlepper	3700
LS 75 Pritsche	4800 o. 5400
LS 75 Kipper	4100
Zul.Gesamtgewicht t	
LS 5	10,8
LS 55	8,4 o. 9,15 o. 10,2
LS 55 Allr. ab 1962	10,5
LS 75	12,0

Nach mißlichen Erfahrungen mit dem von den Kunden nicht angenommenen Unterflur-Modell 4000/4500 U hatte sich Büssing aus dem Segment der mittelschweren Lastwagen wieder zurückgezogen. Doch nun gilt es, das Überleben der Firma zu retten mit einem neu entwickelten Fahrzeug für den Nahverkehr. Zur IAA 1957 kann er endlich präsentiert werden, der neue Haubenwagen-Typ LS 5. Wie hektisch die Bemühungen der Konstrukteure sind und unter welchem Zeitdruck sie stehen, zeigt sich daran, daß Büssing erstmals ein neues Modell nicht langfristigen innerbetrieblichen Tests unterzieht, sondern schon mit Prototypen an die Öffentlichkeit tritt und diese sogar an Kunden verkauft. Es dauert einige Zeit, bis allein die äußere Gestaltung ihre endgültige Serienform erhält. Man experimentiert mit Kabinen, die vom Borgward B 4500 stammen und mit Hinterachsen aus dem Ford 3 Tonner-Programm. Die schwülstigen Kotflügel der zur IAA gezeigten Modelle weichen später einfachen halbkreisförmigen Radabdeckungen. Ein an der linken Motorhaubenseite herausragender Deckel verbirgt die Luftlenkung mit den zwei Luftventilen. In späteren Gestaltungsversionen reduziert sich die Ausbeulung auf ein kleines Dreieck und verschwindet in der Großserie vollständig. Die Kabine des LS 5 mit einteiliger ebener Windschutzscheibe und einfachen glatten Seitentüren wirkt etwas plump und will mit der schon

LS 5 von 1959 (Radstand: 4650 mm) mit Focke-Wulf Montagelift "Giraffe 15". Der gelenkige Knickmast wird vollhydraulisch bewegt

LS 5 von 1958

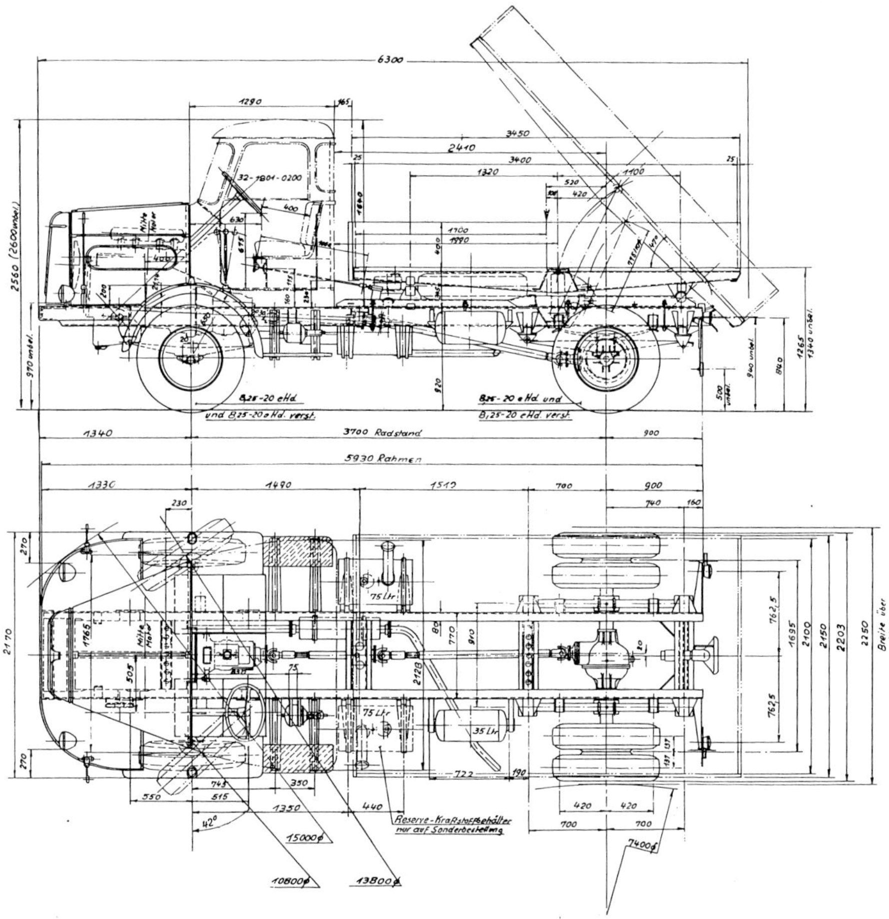

relativ modern gezeichneten Front nicht recht harmonisieren. Erstmals verzichten die Designer auch auf das seit 1936 vertraute Gesicht mit der charakteristischen Büssing-Spinne. Allein das Markensymbol mit dem Löwen und daran anschließende kleine Chromschwingen erinnern noch an die berühmte Abstammung der mittelschweren Verteiler-Lastwagen.

Bei der Entwicklung des Motors stehen die Kaufleute den Technikern im Nacken. Sie brauchen dringendst und möglichst bald ein verkaufbares Fahrzeug als Ersatz für die nicht mehr nachgefragten Schwerlastwagen. So greifen die Konstrukteure ins Regal und verwenden den bereits aus dem Typ 4000/4500 U bekannten Fünfliter-Diesel, der nach Überarbeitung und Umkonstruktion zu einer stehenden Einheit als neuer Typ S 5 eine Leistung von 110 PS erbringt. Büssing gibt ab April 1958 zwar 115 PS in den Datenblättern an, reduziert die Leistungsangabe aber mit Erscheinen des Nachfolgemodells LS 55 im Herbst 1959 wieder auf 110 PS. Der Sechszylinder-Viertakt-Diesel arbeitet nach dem Vorkammerverfahren und weist austauschbare nasse Zylinderbüchsen auf. Jeweils drei Zylinder sind unter einem Kopf zusammengefaßt. Die Kurbelwelle ist siebenfach gelagert.

Entsprechend seines Haupteinsatzzweckes im innerstädtischen Verteilerverkehr wählen die Büssing-Techniker für den LS 5 ein synchronisiertes Fünfganggetriebe aus dem Hause ZF. Auch die ZF-

Burglöwe LS 55 mit Tankaufbau von T+A Schwietert, Beckum (oben), Maßzeichnung LS 55 Kipper von 1960 (Mitte) und LS 55 A Allrad mit NATO-Koffer, vorgesehen als Sanitätskraftwagen (unten)

Gemmer-Schneckenrollenlenkung ist auf besondere Leichtgängigkeit auch bei niedrigen Geschwindigkeiten ausgelegt. Drei voneinander unabhängige Bremssysteme sorgen für Sicherheit in allen Situationen: eine Druckluft-Öldruck-Fußbremse, bei der die Druckluft die Bremskraft liefert und der Öldruck diese auf die vier Räder verteilt, mit Druckluft-Anhänger-Bremsanschluß, eine feststellbare Handbremse mit Wirkung auf eine Bremstrommel an der Hinterachse und als dritte serienmäßige Bremse die Motorbremse mit mechanischer Fußbetätigung.

Geliefert wird die Baureihe LS 5 als Pritschenwagen mit zwei verschiedenen Radständen, als Kipper mit verkürztem Radstand 4100 mm, als Allrad-Kipper mit einem nochmals um 10 cm reduzierten Achsabstand und in der kürzesten Version als Sattelschlepperzugmaschine.

1959 wird die Baureihe umbenannt. Da die Familie der leichten Lastwagen Zuwachs erhält in Form eines für etwa 7 Tonnen Nutzlast ausgelegten Modells, bekommt der Fünftonner die neue Bezeichnung LS 55, während der Siebentonner LS 75 heißt. Die zweite Ziffer "5" steht in der neuen Typologie für den in beiden Modellen eingebauten S 5-Motor. Erstmals in der Nachkriegszeit erhält ein Büssing-

Burglöwe LS 55 Allrad mit Haller Müllwagenaufbau von 1962 für die Stadt Emden (oben), Burglöwe LS 55 Allrad mit 110 PS, den Büssing 1961 zur Verfügung stellt für eine deutsch-österreichische Forschungsexpedition, die quer durch die Sahara über 30 000 km bis in die Urwaldgebiete Kameruns führt (Mitte), und Burglöwe SAK von 1963. Wegen des eingebauten 7 Liter-Diesels fällt bei den späteren Baureihen die Haube massiger aus (unten)

Lastwagen auch einen richtigen Namen, nicht nur ein Nummernkürzel. Man besinnt sich dabei der Vorkriegstradition, als Büssing-NAG auch im Bereich der leichten Lastwagen eine bedeutende Rolle spielte. An diese erfolgreiche Tradition wollen die Braunschweiger anknüpfen, indem sie den neuen Fünftonner auf den beziehungsreichen Namen "Burglöwe" taufen.

Burglöwe SAK,
Supercargo S / SK (Export), SAK

Motor		Typ S 7/150 Vorkammer-Diesel
Zylinder		6
Leistung PS	Burglöwe SAK:	132
	Supercargo S/SK/SAK:	150
Max.Drehzahl U/min		2500
Hubraum ccm		7416
Bohrung mm		108
Hub mm		135
Getriebe		
	Burglöwe:	5-Gang-Synchron
	Supercargo:	6-Gang-Allklauen
	Allrad-Kipper:	2-Gang-Verteiler
Radstand mm		
	Burglöwe SAK	3850
	Supercargo S Export	5600
	Supercargo SK Export	4500
	Supercargo SAK	4300
Zul. Gesamtgewicht t		
	Burglöwe SAK	11,2
	ab 1963: 11,5; ab 1964:	11,7
	Supercargo S Export	15,5
	Supercargo SAK	13,5

LS 77 Kipper von 1959 mit 145 PS

Links von oben nach unten: Burglöwe SAK mit vom Motor angetriebener Seilwinde beim Transport von Tropenholz zum Hafen von Douala/Kamerun, Büssing Front-Triebkopf mit Robuster Absetz-Kippmulde auf der Hannover Messe 1966 und LS 75 von 1959

Als Ablösung des in seiner Optik noch aus den dreißiger Jahren stammenden Modells LS 7 präsentiert Büssing 1959 den LS 77 mit dem 145 PS leistenden S 7-Diesel. Das Aussehen von Haube und Kabine gleicht dem kleineren Bruder Burglöwe LS 55, doch aufgrund der größeren installierten Maschine fällt die Schnauze wuchtiger aus. Entsprechend der stärkeren Motorleistung kommt ein sechsgängiges Allklauengetriebe zum Einsatz.

LS 77 Schlammsaugwagen (Aufbau: Eichhoff, Schwalenberg)

LS 77, Supercargo LS 7/14, LS 77 F

Motor	Typ S 7
	Vorkammer-Diesel
Zylinder	6
Leistung PS	145
Max.Drehzahl U/min	2500
Hubraum ccm	7150
Bohrung mm	106
Hub mm	135
Getriebe	6-Gang-Allklauen
Allrad-Kipper:	m. 2-Gang-Verteiler
Radstand mm	
Pritsche	4600 o. 5200
Kipper	4100
Allrad-Kipper	4300
Sattelschl.	3300
LS 77 F Kipper u. Sat.	3000
Zul. Gesamtgewicht t	12,0
Allrad-Kipper ab 1962	13,0
LS 7/14 Kipper	14,0

LS 77 Allrad von 1961 mit 145 PS für die Üstra, Hannover. Das Fahrerhaus kann eine komplette Bergungsmannschaft aufnehmen. Eine Tür in der Rückwand der Kabine ermöglicht einen direkten Zugang zu der Kran-Plattform. Der Kirsten Kranausleger wird teleskopisch bis auf 3,72 m ausgefahren und kann so noch Lasten bis zu 5 t heben

Der LS 77 wird als Pritschenwagen, Kipper und Sattelschlepper angeboten und spielt seine Leistung vor allem dann aus, wenn er zusammen mit einem Anhänger in einem 24 t-Zug gefahren wird. Zusätzlich gibt es eine Version als allradgetriebener Dreiseitenkipper. 1961 wird die Baureihe umbenannt in Supercargo LS 7/14. 1963 wird die Motorleistung des Siebentonner-Haubenwagens auf 150 PS angehoben und der Baureihen-Namen vereinfacht in Supercargo S. Zu diesem Zeitpunkt werden auf dem deutschen Markt von Büssing keine Pritschenwagen in Haubenausführung mehr angeboten. Die lan-

LS 711 mit 170 PS (Auflieger: Spitzer, Mosbach)

LU 5 mit Ackermann-Aufbau

LU 5 von 1958

LU 5 in der zweiten Ausführung von Anfang 1959 mit Achtloch-Felge

gen Radstände bleiben allein dem Export vorbehalten. In Deutschland reduziert sich das Supercargo-Haubenwagenangebot auf Kipper, Allradkipper und Sattelzugmaschinen, wobei die Sattelschlepper-Version aufgrund des vorwiegenden Fernverkehrseinsatzes mit der auf 180 PS Leistung gedrosselten 11 Liter-Maschine des Typs S 11 ausgestattet wird.

Supercargo SK, SS

Motor		Typ S 11/200 Vorkammer-Diesel
Zylinder		6
Leistung PS	Supercargo SK:	170
	Supercargo SS:	180
Max.Drehzahl U/min		2000
Hubraum ccm		11413
Bohrung mm		125
Hub mm		155
Getriebe		6-Gang-Allklauen
Radstand mm		4100
Zul. Gesamtgewicht t		14,1

Die Haubenwagentypen der Baureihe LS 55 Burglöwe verschwinden bereits 1961 zugunsten ihrer Unterflur-Brüder aus dem Programm. Allein der Allrad-Kipper, für den Büssing ansonsten keine Alternative im Unterflurbereich im Angebot hat, wird noch weitergebaut. Er überlebt als Burglöwe SAK noch bis 1967. Im Rahmen der Produktionsvereinheitlichung erhält der leichte Typ auch die S 7-Maschine, die auch im Supercargo Verwendung findet. Im Burglöwe SAK ist sie allerdings auf 132 PS Leistung reduziert. Dem fünfgängigen synchronisierten Getriebe ist beim Allradkipper ein Zweigang-Verteilergetriebe nachgeschaltet. Die Differentialsperre wird nach Betätigung eines Knopfes am Armaturenbrett durch Druckluft eingelegt. So erklettert der Allradwagen Steigungen bis zu 52 % und trägt eine Nutzlast von ca. 6 t.

Burglöwe LU 55

Auf der IAA 1957 werden schon Unterflurlastwagen in der kleinen Klasse angekündigt und die ersten Prototypen des LU 5 werden entwickelt. Doch es dauert noch bis zur nächsten Frankfurter Schau, bis diese wirklich serienreif werden. Die Frontgestaltung des LU 5 durchläuft die verschiedensten Gestaltungsphasen mit unterschiedlich großen Lüftungsöffnungen an der Stirnwand. Die gesamte Kabine mit den zweigeteilten Frontscheiben wirkt zunächst recht hausbacken. Erst der LU 55 Burglöwe von 1959 macht mit der einteiligen Panoramascheibe einen entschieden moderneren Eindruck. Das Aussehen dieses Unterflurwagens ist den Designern so gut gelungen, daß der Burglöwe U ohne grundlegende optische Änderungen bis 1967 vom Band läuft. 1961 wird der LU 55 umbenannt in LU 5/10 entsprechend des ungefähren zulässigen Gesamtgewichts von 10 t. Ab 1963 heißt die leichte Baureihe nur noch einfach Burglöwe U. Durch den geradlinigen geschweißten Leiterrahmen lassen sich ohne Probleme eine Vielzahl von Varianten mit verschiedenen Radständen entwikkeln. Durch unterschiedliche Reifenbestückung und entsprechend unterschiedliche Tragfähigkeiten ergibt sich eine weitere Anreicherung der Modellpalette.

Die Kabine ohne störenden Motorkasten ist personenwagenmäßig ausgestattet und bietet drei Personen ausreichend Platz. Sie ist in Ganzstahlbauweise ausgeführt mit einem Dach aus Kunststoff. Durch

Burglöwe U als Fernverkehrswagen. Deutlich zu erkennen ist der Unterschied zwischen dem LU 55 und den späteren Burglöwe-Typen. Während beim ersten eine Lüftungsöffnung in der Mitte der Stoßstange liegt, besitzen die Burglöwe-Modelle zwei Öffnungen

Burglöwe LU 5/10 Heizölwagen von 1963.

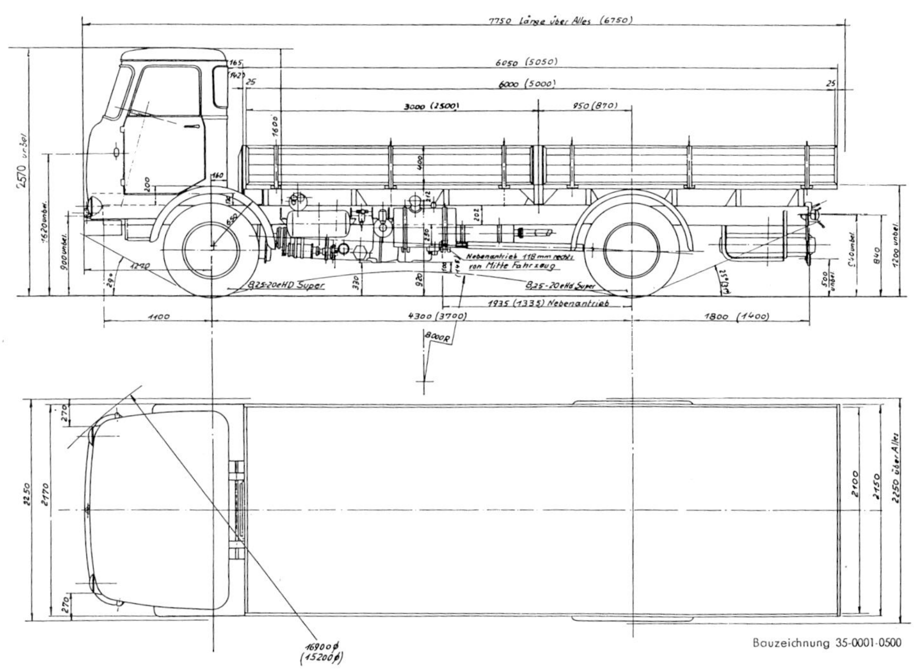

Maßzeichnung Burglöwe LU 5/10 (1963)

die großzügige Panoramafrontscheibe und drei große rückwärtige Fenster ergibt sich eine fast ungestörte Rundumsicht. Dem Pkw-Charakter entspricht auch die serienmäßige 5 Gang-Synchronschaltung, die über einen Schaltknüppel bedient wird. Die mechanisch betätigte Einscheiben-Trockenkupplung ist direkt an den Motor angebaut.

LU 55 Burglöwe , LU 75

Motor	Typ U 5
	Unterflur-Vorkammer-Diesel
Zylinder	6
Leistung PS	110
Max.Drehzahl U/min	2600
Hubraum ccm	5430
Bohrung mm	96
Hub mm	125
Getriebe	5-Gang-Synchron
Radstand mm	
LU 55 Pr.	3400 o. 3700 o. 4300
LU 55 Kipper u. Sattelschl.	3400
LU 55 M Fahrgest.	4600
Zul.Gesamtgewicht t	
LU 55	8,4 o. 9,15 o. 10,2
LU 75	12,0

Burglöwe LU 5/10,
Burglöwe U, UK, US, UM

Motor	Typ U 5/125
	Unterflur-Vorkammer-Diesel
Zylinder	6
Leistung PS	126
Max.Drehzahl U/min	2800
Hubraum ccm	5890
Bohrung mm	100
Hub mm	125
Getriebe	5-Gang-Synchron
Radstand mm	
Pritsche	3700 o. 4300
ab 1964:	3600 o. 4300
ab 1965:	3600 o. 4300 o. 5000
Kipper u. Sattelschl.	3400
ab 1964:	3600
Fahrgest.	4500 o. 5000
Zul.Gesamtgewicht t	9,15 o. 10,5
	(ab 1964: nur 10,5)
Fahrgest. UM ab 1967	10,6

Ein künstlich aufgeschütteter Erdhaufen auf dem Vorführgelände des Büssing-Händlers Kiffe in Münster soll die Kunden davon überzeugen, daß der Unterflur-Burglöwe im empfindlichen Motorbereich auch in unwegsamem Gelände nicht aufsetzt. Unten: Burglöwe LU 5/10 Kipper

Im regulären Angebot gibt es Pritschenwagen und Dreiseitenkipper aus der Baureihe LU 55 Burglöwe, außerdem als LU 55 M (später LU 5/10 M bzw. Burglöwe UM) ein Fahrgestell für geschlossene Kastenaufbauten in Verbundbauweise, das vor allem für Möbelwagen sehr populär wird. 1963 erscheint Büssing mit speziellen Langversionen des Fahrgestells, auf denen Aufbauten bis zu 9 Metern Länge realisiert werden können. Ihr Fassungsvermögen reicht nach Herstellerangaben aus, um das Umzugsgut einer durchschnittlichen deutschen Familie zu befördern, ohne daß man einen in engen Gassen oft recht hinderlichen Anhänger mitnehmen muß. Der in Fahrzeugmitte unter dem Rahmen

hängende U 5-Diesel des LU 55 Burglöwe ist in seinen Grundabmessungen mit dem stehenden S 5-Motor identisch. Aus 5,43 Litern Hubraum holt er ebenfalls 110 PS. Mit Übergang zum LU 5/10 wird 1961 die Leistung der Maschine durch Hubraumvergrößerung (5890 ccm) auf 126 PS angehoben.

Die hydraulische Fußbremse mit Einkammer-Druckluftvorspann wird über Trittplattenventil feinfühlig abgestuft. Die Handbremse wirkt mechanisch auf die Hinterräder. Zusätzlich ist die inzwischen gesetzlich vorgeschriebene Motorbremse eingebaut, die über einen Fußknopf auf dem Boden betätigt wird. Die hintere starre Banjo-Achse mit teilbarem Gehäuse ist an Längsblattfedern aufgehängt und mit zusätzlichen Stützfedern versehen. Die Vorderachse als leichte Rohrachse hängt an Halbelliptikfedern. Als Lenkung dient eine ZF-Gemmer-Schneckenrollenausführung.

Burglöwe LU 5/10 Kipper mit Doppelkabine und geteilter Frontscheibe (oben), Burglöwe U mit verlängerter Kabine als Zugmaschine im Milchhof Düsseldorf (Mitte) und Burglöwe US-Sattelschlepper mit Ackermann Kofferauflieger (unten)

Burgöwe Unterflur-Sattelschlepper mit Ackermann Kofferauflieger (oben), LU 5/10 mit Heizöl-Aufbau von Haller (Mitte) und LU 55 Langeisenwagen von Clerck, Wuppertal, Kabine mit Fronteinstieg: Rappold, Wülfrath (unten)

Eine eigenständige Sattelzugmaschine des Typs LU 55 bleibt relativ selten, da wegen des in der Fahrzeugmitte liegenden Motors mindestens der Radstand des Kippers verwendet werden muß, und dieser ist mit 3400 mmm einfach zu lang für einen Sattelzug in der mittelschweren Klasse. Um den Kunden auch eine kurz bauende Sattelzugmaschine bieten zu können, entwickeln die Braunscheiger Techniker eine Frontlenker-Konstruktion mit im Fahrerhaus stehender Maschine. Diese gibt es allerdings aufgrund des höheren Gesamtzuggewichts nur als LS 77 F mit dem stärkeren S 7-Motor mit 145 PS oder - allerdings relativ selten - als LS 711 F mit 170 PS starkem S 11-Diesel. Mit gegenüber dem Unterflur-Kipper um 40 cm

kürzeren Radstand und damit ohne den wenig sinnvollen Freiraum zwischen Kabine und Kippbrücke bietet sich für den Baustelleneinsatz, auch für den Betrieb mit Hänger im 24 t-Zug, der Frontlenker-Kipper LS 77 F mit 145 PS an.

Wie beim Haubenwagen gibt es in der Unterflurbaureihe ab 1959 auch nutzlastverstärkte Modelle des LU 55 , die entsprechend der auf etwa 7 t erhöhten Zuladung bei gleicher 110 PS-Motorisierung als Typ LU 75 angeboten werden. Mit dem 145 PS starken U 7-Motor ausgestattet und damit Nachfolger der bisherigen Baureihe LU 7 ist der neue Typ LU 77. Mit dem stärkeren Motor kombiniert Büssing ein sechsgängiges Allklauengetriebe. Die schwereren Lastwagen unterscheiden sich von ihren leichteren Geschwistern durch die Verwendung von 10 Loch-Felgen anstelle der 8 Loch-Ausführungen bei den Fünftonnern.

Während der LU 75 mit dem doch zu schwachen U 5-Motor bereits nach einem Jahr wieder aus dem Programm verschwindet, wird der 145 PS-Typ ab 1961 als Supercargo LU 7/14 weitergeführt.

Werbeanzeige von 1964 (oben) und LU 5/10 M , Radstand 5000 mm, mit Staufen-Aufbau (rechts)

Ackermann Möbelwagen mit zweiter Sitzreihe auf Burglöwe Unterflur-Chassis (oben), Burglöwe UM mit Aufbau von Buschbaum, Hannover (Mitte) und UM 126 PS, Radstand 5000 mm, mit Verbund-Kastenaufbau von Eylert, Wuppertal (unten)

LU 77 in der ersten Ausführung

LU 77 Kipper (1960)

LU 77, Supercargo LU 7/14

Motor	Typ U 7
	Unterflur-Vorkammer-Diesel
Zylinder	6
Leistung PS	145
Max.Drehzahl U/min	2500
Hubraum ccm	7150
Bohrung mm	106
Hub mm	135
Getriebe	6-Gang-Allklauen
Radstand mm	
LU 77 Pritsche	3750 o. 4300
LU 77 Kipper	3750
Super.LU 7/14 Pr.	3900 o. 4300
Super.LU 7/14 Kipper	3900
Zul. Gesamtgewicht t	
LU 77	12,0
Supercargo LU 7/14	14,0

Supercargo U mit Kanalspülwagen-Aufbau von Eichhoff, Schwalenberg

1963 wird die U 7-Maschine durch Aufbohrung bei gleichem Hub auf 150 PS gebracht und die Baureihe umbenannt in Supercargo U. Die Namensfindung des "Superlasters" begründet Büssing mit dem idealen Nutzlastfaktor von 1,61 : 1. Einem zulässigen Gesamtgewicht von 14 t stehen bis zu 8,65 t an Nutzlast gegenüber.

Die mittelschwere 7 Tonner-Baureihe ist auch Grundlage für ein breites Spektrum an Spezialversionen für mehr oder weniger ausgefallene Sonderkonstruktionen. Neben den Sattelschlepper-Zugmaschinen LS 77 F und LS 711 F mit stehenden Motoren in einer Frontlenker-Kabine bietet Büssing auch dreiachsige Versionen mit gleichem Fahrerhaus. Die Kabinengestaltung der LS-Frontlenker basiert dabei auf den ersten Ausführungen und behält bis zum Produktionsende die zweigeteilte Windschutzscheibe, die bei den Unterflurmodellen bereits 1959 einer moderneren Konzeption gewichen ist. Als ausgesprochenes Exportfahrzeug steht auf der IAA 1959 der Dreiachser LS 1111 F/3 mit Einzelbereifung rundum. Wie die Typbezeichnung schon andeutet, ist der S 11-Diesel mit 170 PS eingebaut. Zugelassen ist der Sechsradwagen für ein Gesamtgewicht von 26 t und kann bis zu 17,2 t beladen werden.

Supercargo U mit Haller Müllwagenaufbau

Supercargo U, UK, US

Motor	Typ S 7/150 Vorkammer-Diesel
Zylinder	6
Leistung PS	150
Max.Drehzahl U/min	2500
Hubraum ccm	7416
Bohrung mm	108
Hub mm	135
Getriebe	6-Gang-Allklauen
Radstand mm	
Supercargo U	3900 o. 4300
Supercargo UK, US	3900
Zul. Gesamtgewicht t	14,0

LS 77 F Betonmischer von 1960

Auch in Haubenwagen findet die 170 PS-Maschine noch Verwendung. Der schwere LS 11 ist zwar aus dem deutschen Angebotsprogramm verschwunden. Für Kunden, die jedoch noch Sattelschlepper mit Haubenzugmaschine bevorzugen, bietet Büssing in geringer Stückzahl auch den LS 711 als Sattelzugmaschine. Die Gestaltung der langen Schnauze ist den Burglöwe-Haubenwagen angeglichen worden.

Niederländischer LS 7/14 F

LS 77 F Sattelschlepper von 1961 (oben), Ackermann-Aufbau auf 6x2 Fahrgestell mit im Fahrerhaus stehendem Motor (Mitte) und LS 711 F Sattelschlepper mit Nachlaufachse und stehendem Motor (unten)

Überhaupt beginnt zum Ende der fünfziger Jahre das Zeitalter produktionstechnischer Verzettelungen. Man versucht, für jeden Kunden und für jeden Markt - und Büssing ist zu diesem Zeitpunkt in vielen Staaten präsent - das passende Fahrzeug zu bieten, und erhält ein ausuferndes Modellprogramm mit einer Vielzahl von Einzeltypen, die zwar im Prinzip aus Baukastenkomponenten entstehen, aber eine Fließbandfertigung unnötig erschweren.

Eine nochmalige Erweiterung des Burglöwe-Programms erscheint 1963 mit dem technisch interessanten Typ Burglöwe Universal. Mit dieser Neukonstruktion versuchen die Braunschweiger Techniker nochmals - der LU 11 Allrad von 1957 war sang- und klanglos wieder verschwunden -, die Vorteile des Unterflurmotors und des Allradantriebs in einem

Modell zu vereinen. Der Rahmen aus U-Profilen ist im Mittelbereich so weit nach oben gekröpft, daß die Unterkante des Unterflurmotors kaum tiefer liegt als die Rahmen-Längsträger. Eine zusätzliche extreme Bodenfreiheit wird erreicht durch die Verwendung von Portalachsen. In den kurzen Radstand von nur 3000 mm paßt genau der zu einer kompakten Einheit zusammengefaßte Motor-Getriebeblock. Über einen direkt angebauten Verteiler wird die Kraft auf die Vorder- und die Hinterachse übertragen. Die Gelenkwellen führen fast waagerecht unterhalb des Motors zu den beiden mit Kegelradgetriebe und Radvorgelege ausgestatteten Achsen. Sie bilden damit die einzigen verletzlichen Elemente, die in die ansonsten beispielhafte Bauchfreiheit hineinragen. Ein stabiler Bügel schützt daher diesen Bereich vor unbeabsichtigten Aufsetzen auf hartem Untergrund. Die Büssing-Techniker spendierten ihrem neuen Kind ein im Nutzfahrzeugbau bislang unübliches Detail, nämlich Scheibenbremsen an allen vier ein-

LS 711 F von 1960 mit Schmitz Bitumen-Tankauflieger (oben), Burglöwe Universal (Mitte) und LS 711 F mit Ackermann Kühlaufbau (unten)

zeln bereiften Rädern. Die renommierte Nutzfahrzeug-Zeitschrift "Lastauto und Omnibus " schreibt dazu: "Wenn eines Tages die Trommelbremsen dann gänzlich von Scheibenbremsen abgelöst werden, wird Büssing das Recht für sich in Anspruch nehmen können, zu den ersten gehört und einen Beitrag für den Fortschritt auf dem Bremsengebiet und für die Sicherheit geleistet zu haben." Neben der druckluftunterstützten Vierrad-Öldruckbremse ist der Burglöwe Universal mit einer auf die Hinterräder wirkenden Feststellbremse und einer elektro-pneumatisch betätigten Motorbremse ausgerüstet. Zusätzlich existiert eine sog. Kletterbremse, die sich beim Anfahren am Hang selbsttätig löst.

Die Antriebseinheit ist der aus dem Burglöwen bekannte liegende U 5-Diesel mit 126 PS. Mit einem maximalen Drehmoment von 38 kpm bei 1400 U/min eignet er sich besonders für den harten Geländeeinsatz. An ihn angeflanscht ist eine Einscheiben-Trockenkupplung und ein achtgängiges Synchrongetriebe mit selbstsperrendem Differential.

Mit einem zulässigen Gesamtgewicht von 10 t und einer Fahrgestelltragfähigkeit von 6,2 t klettert der Allradwagen Steigungen bis zu 89 % im 2. Gang. Seiner theoretischen Steigfähigkeit sind Grenzen allein durch die Rutschgrenze der Reifen gesetzt. Da kein Motorkasten im Fahrerhaus stört, bietet die aus der Burglöwe-Unterflur-Baureihe bekannte Kabine, die hier allerdings etwas höher aufgesetzt ist, ausreichend Raum für drei Personen. Auf Wunsch liefert Büssing auch ein verlängertes Fahrerhaus mit hinterer Sitzbank, die sechs Mitfahrern Platz bietet.

Der Burglöwe Universal wird von Büssing angeboten als geländegängiger Pritschenwagen, als Dreiseitenkipper, als Mulden-Hinterkipper oder als Sattelzugmaschine für schwere Lasten. Aufgrund seiner technisch aufwendigen Konstruktion kann sich der Unterflur-Allradler gegen den konventionell als Haubenwagen aufgebauten und damit preisgünstigeren Burglöwe SAK aus dem eigenen Hause nicht durchsetzen. So bleibt der Universal einigen wenigen Sonderaufgaben vorbehalten und muß sich auch im Bereich der spezialisierten Geländefahrzeuge schließlich 1967 der übermächtigen Konkurrenz des vielseitigeren und vor allem anspruchsloseren Unimog S aus dem Hause Daimler-Benz ergeben.

Prospekt von 1963

Burglöwe Universal

Motor	Typ U 5/125
	Unterflur-Vorkammer-Diesel
Zylinder	6
Leistung PS	126
Max.Drehzahl U/min	2800
Hubraum ccm	5890
Bohrung mm	100
Hub mm	125
Getriebe	8-Gang-Synchron mit Verteiler
Radstand mm	3000
Zul.Gesamtgewicht t	7,5 o. 10,0

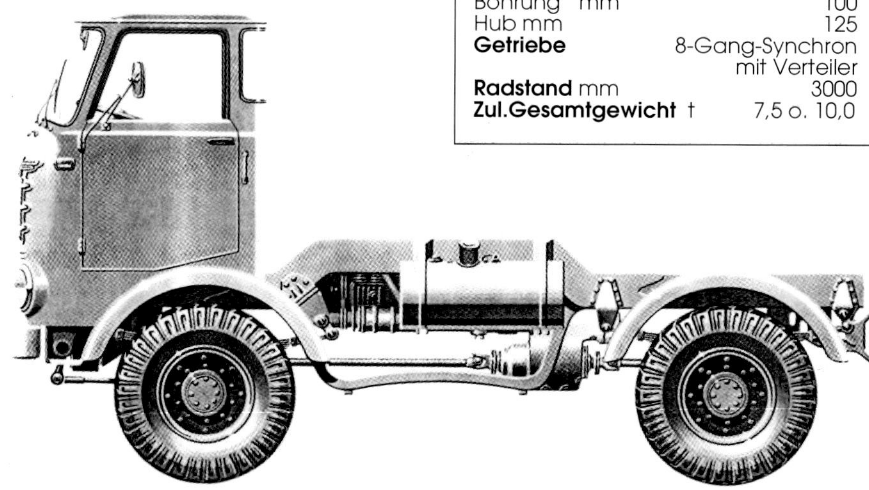

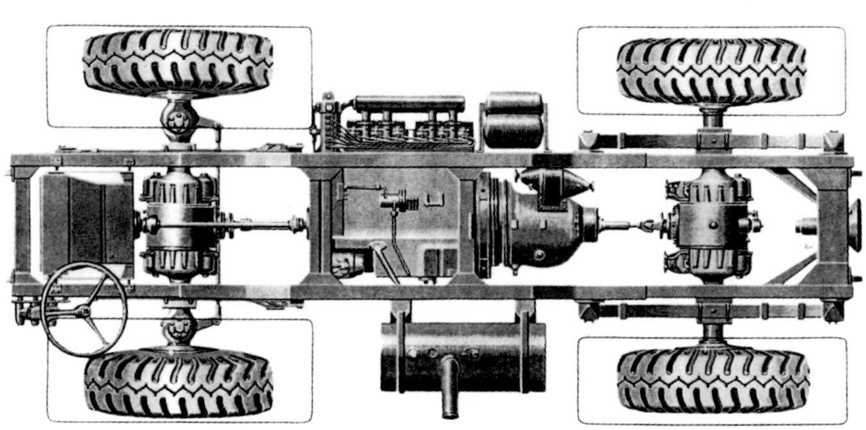

1960

Der Commodore kommt. Endlich Klarheit über Maße und Gewichte.

Der 1. Juli 1960 markiert das Ende der Zitterpartie eines gesamten Gewerbezweiges in der Bundesrepublik Deutschland. Endlich können die deutschen Spediteure wieder aufatmen. Die Last einer Ungewißheit über zukünftige Maße und Gewichte ist von ihnen genommen. Endlich können sie wieder planen. Kunden und Anbieter von Nutzfahrzeugen können sich bei Beschaffungen und bei Neukonstruktionen wieder an Standards orientieren, die für eine längere Zeit Bestand haben werden, die zwar noch nicht der angestrebten europäische Vereinheitlichung entsprechen, die aber dennoch die deutschen Lastwagenunternehmer im internationalen Rahmen wieder konkurrenzfähig machen können.

Die schikanösen Pläne der Seebohm-Ära mit gerade 14 m langen Lastzügen mit insgesamt höchstens 24 t Gesamtgewicht verschwinden endlich im Papierkorb. Mit Wirkung vom 1.7.1960 ist die Gesamtlänge eines Lastzuges auf 16,5 m limitiert. 32 t Gesamtgewicht sind erlaubt mit einem Verhältnis von 1:1 zwischen Motorwagen und Anhänger. Die Achslast darf auf der Antriebsachse 10 t nicht überschreiten, auf den übrigen darf sie maximal 8 t betragen. 6 PS Motor-

Blickwinkel Unterflur

Das schätzt der Fahrer:
Unterflurmotor, auffallende Zugleistung und ein Fahrerhaus, das nicht Werkstatt und Maschinenraum ist, sondern eine geräumige Kommandobrücke für Kapitän und Besatzung.

Das merkt der Unternehmer:
Wirtschaftlich durch hohen Nutzlastfaktor – viel Platz für sperrige Ladung, trotz relativ kurzer Baulänge – ein kräftiger 192-PS-Unterflurdiesel mit nassen, auswechselbaren Laufbüchsen, der gut gepflegt wird, weil er leicht zugänglich ist.

Wie man ihn auch betrachtet:
Der BÜSSING Commodore LU 11/16 mit Unterflur-Dieselmotor besteht aus jedem Blickwinkel.

04/03-1/63

BÜSSING Unterflur eine Bauart der Vernunft

Werbeanzeige von 1963

leistung pro Tonne zulässigem Gewicht sollen den Verkehr auf den Fernstraßen flüssighalten. Das heißt, daß für 32 t Lastzuggewicht genau 192 PS benötigt werden, und genau dies ist die Leistung, die der neue Büssing Commodore LU 11/16 mitbringt, der 1960 in Serie geht. Bereits zur IAA 1959 hatten die Braunschweiger auf ihrem Stand eine Weiterentwicklung des seit 1955 gebauten Typs LU 11 stehen. Dieser war durch die Seebohm-Pläne zum Tode verurteilt worden, da er mit seinem massigen 11 Liter-Motor einfach zu viel Eigengewicht für einen 24 t-Zug mitbrachte und zudem mit seinen zulässigen 16 t Gesamtgewicht nach den Verkehrsgesetzen nicht mehr neu in Betrieb genommen werden durfte.

In der Hoffnung auf eine kommende 32 t-Zulassung hatten die Braunschweiger Techniker den neuen LU 11/16 wieder für ein Gesamtgewicht von 16 t ausgelegt. Beibehalten wurde jedoch noch der bisherige 170 PS-Unterflur-Diesel. Da diese Leistung nach den neuen Vorschriften allerdings nicht ausreicht, muß der bisherige U 11-Motor entsprechend modifiziert

Commodore LU 11/16 mit Aubau von Schölch, Kassel. Optisches Unterscheidungsmerkmal zum Vormodell LU 11 ist der größere Abstand zwischen den Einstiegsstufen und der Stoßstange

werden. Dies geschieht mit relativ einfachen Mitteln: Die Bohrung wird von 122 auf 125 mm vergrößert. Der Gesamthubraum des Sechszylinders steigt damit von 10 872 auf 11413 ccm, so daß bei einer höheren Enddrehzahl die Leistung auf mögliche 200 PS ansteigt. Aus Wirtschaftlichkeitsgründen wird die Maschine jedoch auf die zur Erfüllung der Gesetzesvorschriften notwendigen 192 PS eingestellt. Beibehalten wurde das bewährte Vorkammer-Verbrennungsverfahren mit gesteuerter Wirbelbildung. So gehören die Büssing-Unterflurmotoren zu den laufruhigsten Maschinen auf dem deutschen Nutzfahrzeugmarkt. Obwohl sie praktisch im Freien liegen (allein die Einspritzpumpe ist durch eine Blechhaube geschützt), belästigen sie die Umwelt nicht unzumutbar mit ihren Geräuschentwicklungen.

Commodore LU 11/16 der Deutschen Bundesbahn mit Schlafkabine B

Commodore LU 11/16 ,
Commodore U / UK

Motor	Typ U 11/200
	Unterflur-Vorkammer-Diesel
Zylinder	6
Leistung PS	192
Max.Drehzahl U/min	2100
Hubraum ccm	11413
Bohrung mm	125
Hub mm	155
ab 1965 (Kipper ab 1967):	
Motor	Typ U 11 D
	Unterflur-Direkteinspritzer-Diesel
Zylinder	6
Leistung PS	210
Max.Drehzahl U/min	2100
Hubraum ccm	11580
Bohrung mm	128
Hub mm	150
Getriebe	6-Gang-Allklauen
Radstand mm	4800 o. 5150
Kipper	4550
Zul.Gesamtgewicht t	16,0

Jeweils zwei Zylinder sind unter einem Zylinderkopf vereint. Pro Zylinder ist je ein hängendes Ein- und Auslaßventil vorgesehen, die sich während des Betriebes automatisch drehen und so längere Standzeiten erreichen. Die Kurbelwelle ist siebenfach gelagert. Serienmäßig ist ein Öl-Wasser-Wärmetauscher installiert, der die Maschine jeweils auf die optimale Betriebstemperatur bringt. Der Kühler liegt direkt hinter der Vorderachse. Zum Antrieb des Lüfters ist daher eine kleine Gelenkwelle vom Motor herübergeführt. Zusätzlich kann eine handbetätigte Kühlerjalousie und ein automatisch arbeitender Thermostat die Temperatur beeinflussen. Seine Verbrennungsluft holt der Motor über ein langes, durch ein Drahtsieb geschütztes Ansaugrohr von der Fahrzeugfront und filtert diese zunächst durch einen hinter dem Motor angebrachten Luftfilter.

Da bei den liegenden Motoren die äußersten Zylinder bei starken Gefällen oder Steigungen von einem herkömmlichen Schmiermittelkreislauf nicht mehr voll erreicht werden, besitzt die Zahnradölpumpe zwei Ansaugrohre. Im Hauptstrom liegt dabei ein Spaltfilter und im Nebenstrom ein Papierzellen-Feinstfilter.

Da die Motorleistung des neuen LU 11/16 gegenüber seinem Vorgänger entschieden gestiegen ist, wird die bisherige Einscheibenkupplung durch ein Zweischeibenaggregat ersetzt. Das sechsgängige Getriebe stammt aus Büssing-eigener Fertigung, eine Besonderheit im 16 Tonner-Bereich, da alle anderen Firmen ZF-Getriebe verwenden. Der fünfte Gang ist als direkter Antrieb vorgesehen, während der 6.Gang als Schnellgang ausgelegt ist, so daß je nach Hinterachsübersetzung Höchstgeschwindigkeiten zwischen 62,5 und 80 km/h erreicht werden. 1961 gibt Büssing die kostspielige Eigenfertigung auf und verwendet ebenfalls ein ZF-Aggregat.

Commodore LU 11/16 mit Rungenwagen-Aufbau von Kiffe, Münster

Dem neuen Modell geben die Marketing-Strategen in Braunschweig den wohlklingenden Namen Commodore. Wie ein Flottenbefehlshaber sollen sich die "Kapitäne der Landstraße" am Volant des imposanten Fernverkehrswagens fühlen. Kein lärmender, Wärme und Gerüche ausstrahlender Motorkasten stört die Ruhe und Bequemlichkeit in dem geräumigen Fahrerhaus. Damit der Fahrer bei Schaltvorgängen noch Kontakt zu der Maschine halten kann, spendieren die Techniker ihm einen serienmäßigen Drehzahlmesser im Armaturenbrett. Insgesamt hat die Kabine mit einem Dachhimmel aus hellem Kunstleder einen besonderen Wohnraumcharakter, vor allem, wenn die Verkleidung aus den auf Wunsch lieferbaren gemaserten Holztafeln besteht. Das große weiße Dreispeichenlenkrad liegt durch den fast senkrechten Einbau der Lenksäule beinahe waagerecht und

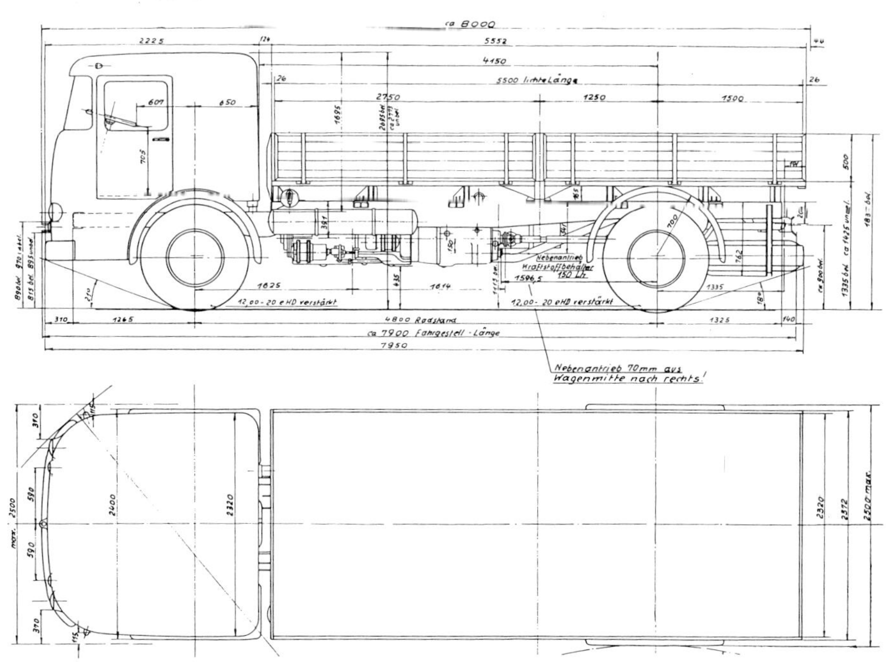

Maßzeichnung Commodore LU 11/16 (1963)

Aurepa-Fahrerhaus auf Commodore LU 11/16 (1961)

Innenraum des LU 11/16-Fahrerhauses in der Ausführung B 1 mit einer fest eingebauten Liege

Commodore U mit einteiliger Frontscheibe und Fahrerhaus B

daher bequem in der Hand. Äußerlich ist der neue Commodore LU 11/16 von seinem Vorgänger erst auf den zweiten Blick zu unterscheiden. Noch ist die Frontscheibe durch einen Mittelsteg geteilt. Die durchgehende Panoramascheibe erscheint erst 1963 mit dem Übergang zu der überarbeiteten Baureihe Commodore U. Während bislang die Türen hinten angeschlagen waren und so die Kabine über die zwei Trittstufen vor der Vorderachse relativ leicht erklommen werden konnte, öffnen die Türen beim Commodore nach vorn hin. Bei dem neuen Modell hat Büssing die gesamte Kabine weiter nach vorn verlagert, optisch erkennbar an einem größeren Abstand zwischen Kotflügel und Stoßstange. Da die Türen um mehr als 90° aufschlagen, kann der Fahrer seinen Arbeitsplatz nun wieder bequem erreichen. An beiden Seiten bieten Handgriffe zusätzlichen Halt.

Zur Wahl stehen drei Versionen der Ganzstahlkabine. Das kurze Fahrerhaus des Typs A ermöglicht eine Ladelänge von 6 m bei einem Radstand von 4800 mm. Das verlängerte Haus B reduziert bei gleichem Achsabstand die Länge der Pritsche auf 5,5 m. Soll bei dieser Kabinenversion dennoch die volle Ladelänge beibehalten werden, bietet Büssing auf Wunsch auch einen Sonderradstand von 5150 mm. Als dritte Version steht die Kabine D zur Verfügung, mit in den Laderaumbereich hineinragender Schlafkoje.

Anfangs liefert Büssing den Commodore noch ohne Lenkhilfe mit mechanischer ZF-Gemmer-Konstruktion. Ab Mai 1961 rüstet man ihn jedoch serienmäßig mit der unterstützten ZF-Spindel-Hydro-Lenkung aus.

Der Rahmen des 16 Tonners erscheint mit seinen kräftigen stahlgepreßten U-Profil-Längsträgern und eingenieteten Querträgern etwas überdimensioniert. In dieser stabilen Konzeption kann er aber auch anstandslos die Belastung eines Kipperaufbaus verkraften. Im Ausland, wo die zulässigen Gesamtgewichte höher liegen, kann der Commodore mit Gesamtgewichten bis zu 19,3 t zugelassen werden und damit Nutzlasten bis zu 12 t tragen. Um dem Motor in geschütztem Raum Platz zu bieten, ist der Rahmen kurz hinter der Vorderachse nach oben hin durchgekröpft. So beträgt die Bodenfreiheit unterhalb der Maschine volle 435 mm.

Die Hinterachse nimmt die gesetzlich zulässige Belastung von 10 t (im Export 13 t) auf. Das Untersetzungsgetriebe ist dabei nicht in waagerechter Ebene davorgebaut, sondern liegt nach oben abgewinkelt. Durch die sogenannte Pistolenform liegt das rundliche Mittelteil flach und erhöht so die Bodenfreiheit im Achsbereich. Zudem kann die Gelenkwelle vom Unterflurmotor ohne einen stark belastenden Knick fast waagerecht angeordnet werden. Die Hinterachse ist mit einer gesonderten Ölpumpe ausgestattet, um eine sichere Schmierung auch bei extremen Geländebedingungen zu gewährleisten.

Die Bremsanlage ist, wie gesetzlich vorgeschrieben, mit drei voneinander unabhängigen Systemen ausgeführt, aber mit einigen Büssing-typischen Besonderheiten. Während alle übrigen Hersteller reine Druckluftanlagen verwenden, bleibt Büssing bei der hydraulischen Einkreis-Vierradbremse. Über ein Trittplatten-Bremsventil

Commodore U mit einteiliger Frontscheibe und Fahrerhaus B

Commodore U mit Büssing & Sohn Hochdachkabine und Kässbohrer Kühlwagen-Aufbau

Commodore U mit normal hoher Büssing & Sohn-Kabine und Aufbau von Buschbaum, Hannover

Commodore U mit Büssing & Sohn-Kabine

und einen Einkammer-Druckluft-Vorspannzylinder wird sie feinfühlig gesteuert. Die Bremstrommeln besitzen auswechselbare Verschleißringe.

Ein Büssing-typisches Relikt vergangener Tage ist die Getriebe-Feststellbremse, die über Innenbremsbacken unmittelbar hinter dem Wechselgetriebe angreift. Die Motorbremse wird über Fußkontakt elektropneumatisch betätigt. Im Gegensatz zu bisher muß der Fuß

Commodore U mit Ackermann-Kühlaufbau

Ausführung A

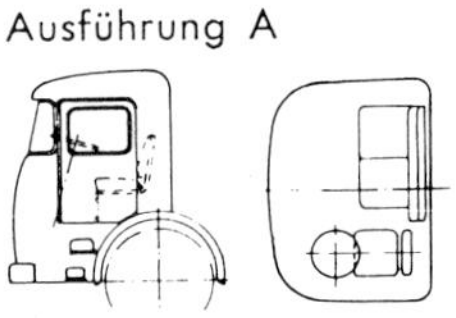

U-Fahrerhaus Commodore 11/16

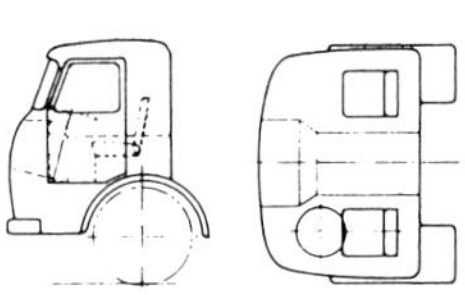

F-Fahrerhaus Commodore 11/16

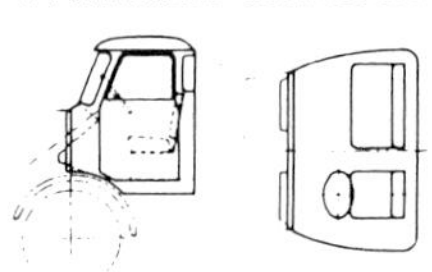

S-Fahrerhaus Commodore 11/16 und 11/20

Ausführung B 1

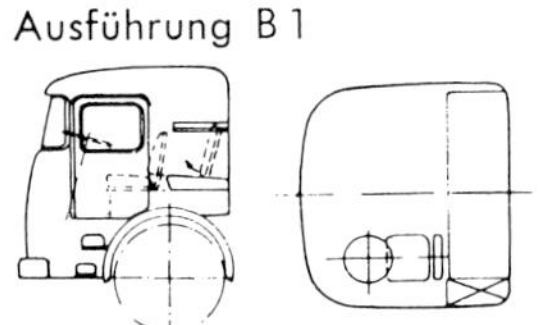

U-Fahrerhaus Commodore 11/16

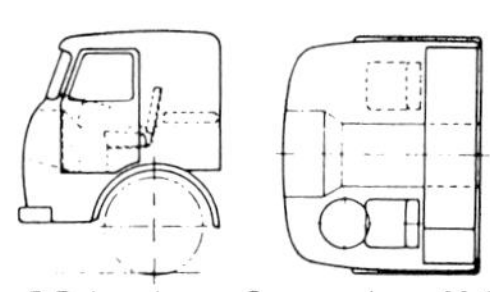

F-Fahrerhaus Commodore 11/16

Ausführung B 2

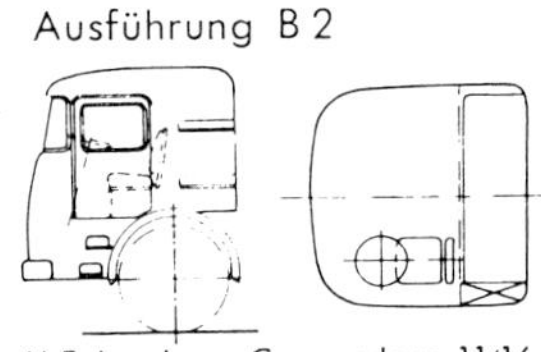

U-Fahrerhaus Commodore 11/16

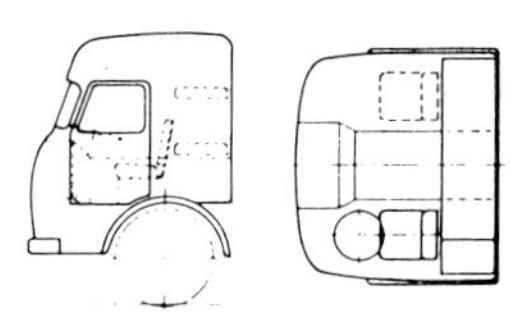

F-Fahrerhaus Commodore 11/16

Ausführung D

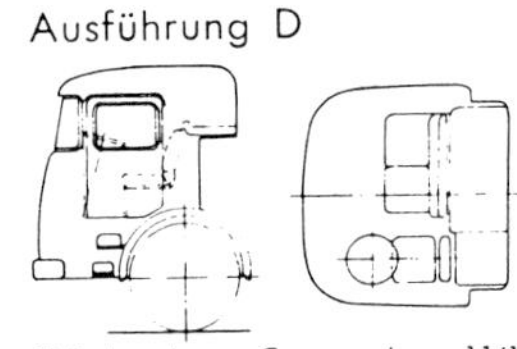

U-Fahrerhaus Commodore 11/16

Bis auf das F-Fahrerhaus B 2 für Commodore LS 11/16 F sind alle Fahrerhäuser in Ganzstahl-Ausführung lieferbar.

Das F-Fahrerhaus LS 11/18 F und B 2 für LS 11/16 F wird nur in Holz-Stahl-Ausführung geliefert.

Die U-Fahrerhäuser B 1 und B 2 für Commodore LU 11/16 sind gegen Mehrpreis auch in Holz-Stahl-Ausführung lieferbar.

auf langen Gefällstrecken nicht mehr andauernd auf dem Knopf belassen werden. Die Motorbremse schaltet sich vielmehr automatisch aus, sobald Gas- oder Kupplungspedal betätigt werden.

1963 wird die Commodore-Baureihe erstmals grundlegend überarbeitet. Die Kabine erhält eine modernere rundliche Form. Zusammen mit der tiefer heruntergezogenen Panoramawindschutzscheibe kommen Ausstellfenster in den Seitentüren. Die bisherige Fahrerhausgestaltung mit steiler Front und ohne Ausstellfenster bleibt jedoch Standard für die Kipper-Versionen und auf Wunsch für Sonderaufbauten. Der Commodore Unterflurwagen entwickelt sich zu einem Erfolgstyp für Büssing. 1963 stammt jeder fünfte in Deutschland zugelassenen 16 t-Fernlaster aus dieser Serie. In West-Berlin ist es sogar jeder vierte Wagen seiner Klasse.

Ab 1965 kommt eine neue Motorengeneration zum Einsatz. Das bewährte Vorkammer-Verfahren macht einem neu entwickelten Direkteinspritzer Platz. Der neue 11,6 Liter-Sechszylinder bringt bei 2100 U/min eine Leistung von 210 PS. Der U 11 D genannte liegende Diesel ist wie sein Vorgänger mit nassen auswechselbaren Zylinderlaufbüchsen ausgestattet. Durch eine Dreiloch-Düse wird der Kraftstoff mit 175 atü in den Brennraum eingespritzt. Das maximale Drehmoment von 80 mkg verteilt sich über den breiten Drehzahlbereich von 1200 bis 1400 U/min. Gegen Aufpreis kann das serienmäßige sechsgängige ZF Allklauen-Getriebe durch ein Gruppengetriebe erweitert werden. Äußeres Erkennungszeichen der mit dem 210 PS-Motor ausgestatteten 1965er-Modelle ist die Verwendung von drei Scheibenwischern anstelle von bisher zwei.

Commodore U der letzten Baureihe von 1965 mit Direkteinspritzer-Diesel, erkennbar an den drei Scheibenwischern

Die bei Büssing & Sohn gefertigte rundliche Fernverkehrskabine, die schon in ihrer Grundform eine der geräumigsten Fahrer-Arbeitsplätze darstellt, wird in der Hochdachversion zu einem wahren Raumwunder, in dem das Fahrpersonal selbst im Bereich des "Schlaftraktes" aufrecht stehend herumwandeln kann. Da die modern gestylten Lepoix-Kabinen der Nachfolgegeneration die durch die Commodore-Kabinen verwöhnten Fahrer nicht befriedigen können, wird die inzwischen optisch etwas antiquiert wirkende Rundkabine für den Fernverkehrseinsatz noch bis 1967 angeboten, zuletzt unter der Bezeichnung Commodore 16-210.

LS 11 F mit Meiller Hinterkippmulde

Innenansicht der LS 11 F-Kabine in der Ausführung B

LS 11 F mit Blumhardt-Auflieger

Aurepa-Fahrerhaus auf Commodore FS

Commodore LS 11/16 F, Commodore FS

Motor	Typ S 11/200 Vorkammer-Diesel
Zylinder	6
Leistung PS	192 (ab 1965: 200)
Max.Drehzahl U/min	2100
Hubraum ccm	11413
Bohrung mm	125
Hub mm	155
ab 1967:	
Motor	Typ S 11 D Direkteinspritzer-Diesel
Zylinder	6
Leistung PS	210
Max.Drehzahl U/min	2100
Hubraum ccm	11580
Bohrung mm	128
Hub mm	150
Getriebe	6-Gang-Allklauen
Radstand mm	
Kipper	3600
Sattelschlepper	3000 o. 3600 (ab 1964 nur 3600)
Zul.Gesamtgewicht t	16,0

Von Anfang an wird der Commodore Unterflurwagen als Pritschenfahrzeug und als Kipper angeboten. Für Sattelschlepper kommen aufgrund des kürzeren Radstandes nur Ausführungen mit im Fahrerhaus stehenden Motoren in Betracht.

So bietet Büssing ab 1960 auch den Commodore LS 11 F als Sattelzugmaschine und als Frontlenker-Kipper. Die Kabinen sind weitgehend identisch mit den Unterflurtypen, weisen jedoch hinter der traditionellen Büssing-Spinne ein herausnehmbares Lüftungsgitter auf, hinter dem sich der 192 PS-Motor verbirgt. Ebenso wie die Unterflur-Geschwister erhält die Frontlenker-Reihe ab 1963 eine einteilige Panorama-Windschutzscheibe. Im selben Jahr verschwindet der Frontlenker-Kipper der LS 11 F-Serie aus dem Programm, während der Unterflur-Kipper weitergebaut wird. Alternativ zum serienmäßigen Büssing-Ganzstahl-Fahrerhaus gibt es auch für die Frontlenker - Sattelzugmaschinen

LS 11 F Sattelschlepper (1961)

Kässbohrer Pritschenzug von 1961 auf Commodore LS 11 F

Spitzer Siloauflieger auf Commodore FS mit hoher Schlafkabine von Büssing & Sohn

Commodore LS 11 F mit hohem Büssing & Sohn-Haus älterer Bauart und Schmitz Kofferauflieger

Kurze Büssing & Sohn-Kabine (Ausführung A) auf Commodore FS mit Auflieger von Spitzer, Mosbach (oben) und Commodore FS mit Fahrerhaus B und Spitzer Siloauflieger

Oben: Commodore FS mit kurzem Fahrerhaus A und Zementsilo-Auflieger von Spitzer, Mosbach

Mitte: Buschbaum Möbeltransport-Auflieger auf Sattelzugmaschine mit stehendem Motor

Unten: Commodore FS mit hohem Büssing & Sohn-Fahrerhaus und Schmitz Kofferauflieger

das in Holz-Stahlbauweise ausgeführte Büssing & Sohn-Haus mit hoch aufragender Dachkonstruktion. Eigentlich hat Büssing vor, ab 1965 das gesamte Lastwagenprogramm auf Unterflurmotoren umzustellen. So werden auch die stehenden Motoren zunächst nicht auf die kraftstoffsparende Direkteinspritzung umgestellt. Sie werden durch Aufhebung der Drosselung auf 200 PS gebracht und erst am Ende der Bauzeit 1967 auf Direkteinspritzung verändert.

Commodore LS 11/18 F 3, LS 11/22 F 3, LS 11/26 F 3, Commodore FS 3, FK 3

Motor	Typ S 11/200 Vorkammer-Diesel
Zylinder	6
Leistung PS	192
Max.Drehzahl U/min	2100
Hubraum ccm	11413
Bohrung mm	125
Hub mm	155
Getriebe	6-Gang-Allklauen
Radstand mm	2900 + 1350
Zul.Gesamtgewicht t	
LS 11/18 F 3	18,0
LS 11/22 F 3	22,0
LS 11/26 F 3	26,0
FS3/FK3	18,0 o. 22,0 o. 26,0

Oben: Commodore FS 6x4-Dreiachser mit Büssing & Sohn-Fahrerhaus und Schenk Kühlauflieger

Mitte: Commodore LS 11/18 F 3 von 1963

Unten: Commodore FK 3 22 t mit modernem Fahrerhaus

Eigentlich ist der schwere Hauben-Lastwagen auf dem deutschen Markt bereits zum Sterben verurteilt. Dem massiven Büssing LS 11 haben die Längen- und Gewichtsvorschriften der Seebohm-Ära schon den Garaus gemacht. Dennoch bleiben die schweren Hauber im Büssing-Programm, allerdings ausschließlich für den Export. So

Commodore LS 11/16 Kipper von 1960. Bei den ersten Versionen ist zwischen Kühlergrill und Stoßstange noch ein breites Blechteil

Commodore LS 11/16 von 1962

Commodore SK mit Schörling Schlammsauge- und Sprengwagenaufbau von 1966

können die Techniker in Braunschweig relativ schnell reagieren, als sich die Gesetzesvorgaben lokkern. Schon 1961 stehen sie mit einem neuen Haubenwagen der Commodore-Reihe, dem Commodore LS 11/16 parat, um auch den Kunden ein Fahrzeug zu bieten, die immer noch auf die schweren Kaliber mit Schnauze schwören. Die Langschnauzer werden vorzugsweise im Baustellenverkehr eingesetzt, wo Dreiseitenkipper auf Motorwagen und Anhänger die vorgegebenen Maximal-Längen schon konstruktiv nicht ausnutzen können. Hauptargument für die Bevorzugung eines Haubenkippers gegenüber dem Unterflurkipper Commodore LU 11/16 ist in der Regel der geringere Preis (der Unterschied zwischen beiden Ausführungen beträgt ca. 7000 DM für das Komplettfahrzeug).

Die Optik der schweren 8,9 Tonner-Commodore ist den kleineren Burglöwe-Typen angeglichen - die Ganzstahlkabine mit Kunststoff-Dach und einteiliger Panoramascheibe ist das Standardhaus aller Haubenwagen -, doch fiel die Nase bei weitem wuchtiger aus. Unter ihr wirkt der bekannte 11,4 Liter-Sechszylinder der Baureihe S 11, der aufgrund der 6 PS pro Tonne-Forderung auf 192 PS eingestellt ist. Beide Haubenhälften können nach oben geklappt werden und eröffnen einen freien Zugang zu dem Vorkammerdiesel. Die Front ziert ein funktional wirkender Senkrechtgrill. Zeitgenössische Tester meinen, daß dies den Eindruck eines leichteren Fahrzeugs vermittelt, die Front sei endlich "frei von der schwer wirkenden traditionellen Büssing-Kühlerattrappe". Längs über die Haube erstreckt sich ein Hutze. Von dort, also aus dem staubärmsten Bereich, saugt der Motor seine Verbrennungsluft. Neben einem serienmäßigen Thermostaten sorgt eine Kühlerjalousie für eine optimale Motortemperatur.

Commodore LS 11/16, Commodore SS, SK, SAK, BS 16 SH

Motor	Typ S 11/200 Vorkammer-Diesel
Zylinder	6
Leistung PS	192 (ab 1965: 200)
Max.Drehzahl U/min	2100
Hubraum ccm	11413
Bohrung mm	125
Hub mm	155
ab 1967:	
Motor	Typ S 11 D Direkteinspritzer-Diesel
Zylinder	6
Leistung PS	210
Max.Drehzahl U/min	2100
Hubraum ccm	11580
Bohrung mm	128
Hub mm	150
Getriebe	6-Gang-Allklauen
Allrad-Kipper:	2-Gang-Verteiler
Radstand mm	
Kipper	4500
Allrad-Kipper	4750
Sattelschlepper	4500
Export-Lastwagen	5600
Zul.Gesamtgewicht t	16,0

Durch die weit nach vorn ragende Schnauze kann die Vorderachslast von 6 t und die zulässige Belastung der Hinterachse von 10 t voll ausgeschöpft werden, auch wenn das Ladegut nicht extrem weit nach vorn verschoben, sondern gleichmäßig auf der Ladefläche verteilt ist. Während der bisherige LS 11-Kipper einen Radstand von 4800 mm aufwies, kommt der Commodore mit 4500 mm aus, was natürlich der Wendigkeit zugute kommt. Der Wendekreis-Durchmesser beträgt nur noch 18 m.

Serienmäßig wird wie beim Unterflurwagen das sechsgängige ZF-Getriebe AK 6-75 eingebaut. Der Lenkaufwand wird durch eine hydraulisch wirkende Spindel-Hydro-Lenkung reduziert. Die hydraulische Vierradbremsanlage wird durch Druckluft unterstützt. Die mächtige Bremstrommel der Getriebe-Handbremse liegt unmittelbar vor dem Hinterachsgetriebe. Die kräftige Banjo-Hinterachse stützt sich auf halbelliptische Haupt- und Zusatzblattfedern ab.

LS 11/16 Allrad-Kipper von 1962

Commodore SAK von 1968

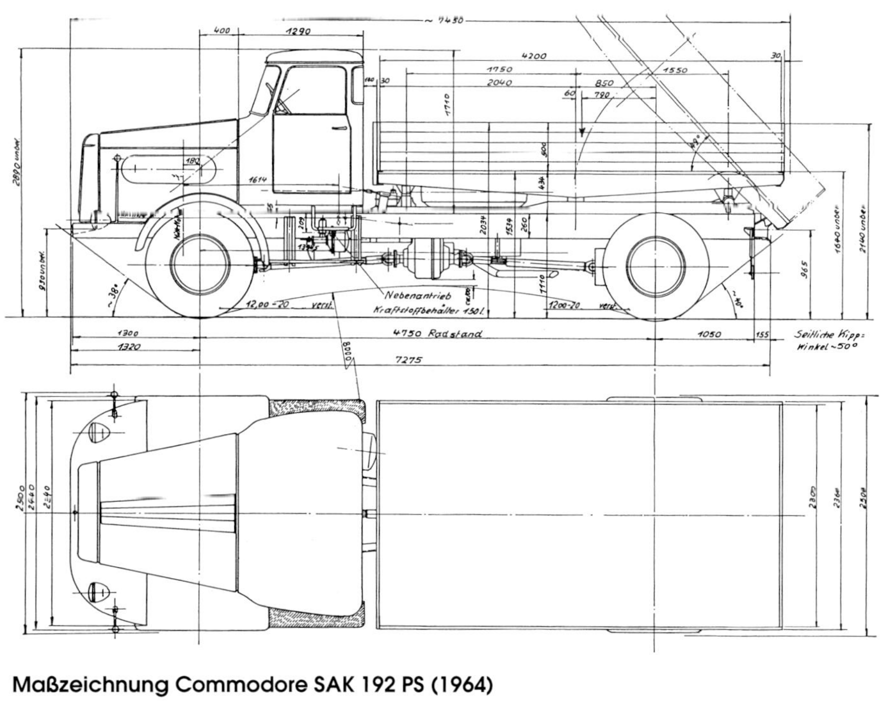

Maßzeichnung Commodore SAK 192 PS (1964)

Commodore S Export mit Mulden-Hinterkipper der Saarbrücker Karosseriefabrik

Commodore LS 11/26 Dreiachs-Exportversion (1961)

Commodore SAK (1964) mit Leichtmetall-Muldenkipper von Hunger, Lohr

Obwohl die Typbezeichnung LS 11/16 auf eine Abstammung vom alten LS 11 hindeuten könnte, bezieht sie sich allein auf die Verwendung des S 11-Diesels. Ansonsten ist die gesamte Fahrgestellkonstruktion neu gestaltet. Der kräftige U-Profilrahmen wurde überarbeitet, so daß bei optimaler Ausnutzung der Achslasten bei 16 t Gesamtgewicht noch eine Nutzlast von ca. 8,9 t erreicht wird.

In imposante Höhe von 2,89 m ragt der Allradkipper auf, den Büssing aus der Commodore LS 11/16-Reihe entwickelt. Über ein 2-Gang-Verteilergetriebe aus dem Hause ZF wird die Kraft der 192 PS-Maschine auf die doppelt übersetzten Vorder- und Hinterachsen verteilt. Der Radstand des Allradwagens fällt allerdings mit 4750 um 25 cm länger aus als beim normalen Kipper.Während die ersten Sattelzugmaschinen aus dem Commodore LS 11/16 -Programm mit dem Kipper-Radstand daherkommen, stehen mit Übergang zur neuen Typbezeichnung Commodore S im Jahre 1963 wahlweise der Commodore SK mit 4500 mm oder der Commodore SS mit 3700 mm Radstand für den Sattelschleppereinsatz zur Verfügung.

Die lange Fahrgestellversion mit einem Achsabstand von 5600 mm bleibt dem Export vorbehalten. Als 1965 die Unterflurmotoren auf Direkteinspritzung umgestellt werden, wird die bisherige Drosselung der stehenden S 11-Maschinen aufgehoben, so daß sie bis zu den möglichen 200 PS drehen können. Da sich der Commodore Haubenwagen als 19 Tonner im harten Einsatz inner- und außereuropäischer Exportmärkte als schwere Sattelzugmaschine bewährt, bietet Büssing ab 1967 für diesen Zweck

Commodore SK von 1964 und Prospekt von 1961 für die LS 11/20 Exportversion (unten)

den Commodore SS Export mit einem direkteingespritzen Diesel. Durch diese Modifikation wird die Leistung auf 210 PS angehoben. Für die Exportmärkte hat Büssing auch die traditionelle Büssing-Spinne wiederbelebt, die den massigen Haubern wieder ein charakteristisches Profil gibt. Obwohl bereits 1965 die werksinterne Order ausgegeben wurde, das gesamte Programm auf Unterflurmotoren umzustellen, lebt der schwere Haubenwagen weiter bis 1970.

Unter der Typbezeichnung BS 16 SH wird die Sattelzugmaschine noch mit dem neuen Direkteinspritzer S 12 D ausgestattet, der bei 12,3 Litern Hubraum 240 PS erzeugt. Auf besondere Bestellung, vor allem aus überseeischen Ländern, fertigt Büssing noch eine Reihe von schweren Haubenwagen, u.a. einen als BS 32 K bezeichneten Dreiachs-Kipper oder auch dreiachsige Sattelzugmaschinen und 26 Tonner-Pritschenwagen. Sie erscheinen bei deutschen Kunden aber nur, wenn einmal ein Exportauftrag storniert wurde und die Fahrzeuge im Inland "verramscht" werden müssen. Dann ist ihr Einsatzbereich allerdings meist auf Steinbrüche oder andere Zwecke abseits der öffentlichen Straßen begrenzt, da ihre Gewichtsauslegung in der Regel nicht unseren Vorschriften entspricht.

Das bisherige Familienunternehmen Büssing steht zum Ende der fünfziger Jahre vor dem Beginn einer neuen Etappe - wie sich später zeigen wird, ist es der Beginn der Schlußetappe. Nach Auflösung der NAG-Verbindung bestand der Büssing-Komplex aus zwei Bereichen: auf der einen Seite stand als Eigentümerin der Werksanlagen die Büssing KG, deren Grundkapital von 10 Millionen DM sich voll in Händen der Familie Büssing befand, auf der anderen Seite die Büssing Nutzkraftwagen GmbH, die das Fabrikations-Unternehmen betrieb. In den Zeiten der Seebohm-Verordnungen, als alle Nutzfahrzeugproduzenten am Rande des Existenzminimums entlang-

LS 11/16 mit Tankauflieger von Behrens, Lübeck

schlitterten, mußte die ebenfalls schwer getroffene Büssing GmbH vertraglich Mieten für die Anlagen an die KG zahlen.

Da dieser Familienbetrieb aber nur Gewinne zu verzeichnen hatte, wurde er trotz desolater Lage des Gesamtunternehmens noch steuerlich zur Kasse gebeten. Um die dringend benötigten Mittel nicht allein der Steuerbehörde zu überlassen, konzentriert man die Firma zwischen 1957 und 1959 schrittweise in Richtung auf die GmbH und wandelt sie schließlich am 27. April 1960 in eine Aktiengesellschaft um. Aufsichtsratsvorsitzender ist Rudolf Egger-Büssing.

Durch anschließende Kapitalerhöhungen - allerdings erhalten so auch die Banken ein Mitspracherecht in dem Familienunternehmen - fließen der neuen Büssing Automobil-Werke AG so viele flüssige Mittel zu, daß man endlich an lange aufgeschobene Neuinvestitionen denken kann. Die alten Werksanlagen im Braunschweiger Stammwerk können nicht mehr rentabel arbeiten und sind durch ihre Lage in der Nähe des Hauptbahnhofs im innerstädtischen Verkehr gefangen. An Ausdehnungsmöglichkeiten ist überhaupt nicht mehr zu denken. Zeitgenössische Berichte vergleichen die Firma Büssing mit einem Schwergewichtsolympioniken, der in einem zu engen Trainingsanzug steckt und so nicht die volle Leistung erbringen kann. Draußen vor den Toren Braunschweigs liegt andererseits ein riesiges Areal brach, auf dem eine inzwischen übernommene Tochtergesellschaft im 2. Weltkrieg Flugzeugmotoren produziert hatte.

Dort in Querum liegen zu diesem Zeitpunkt nur die Schmiede und die Omnibusmontage. Eine Erweiterung des Fabrikkomplexes "auf der grünen Wiese" kann für Büssing den Befreiungsschlag bedeuten, denn nach dem durch die Seebohm-Verordnungen verursachten Auftragsstau flutet mit Neuregelung der Maße und Gewichte im Jahre 1960 plötzlich ein Schwall von Bestellungen auf die Nutzfahrzeughersteller ein. Die Lieferfristen werden lang und länger. Erst 1961 kann das Büssing-Stammwerk verlassen und mit 6000 Beschäftigten nach Querum übergesiedelt werden. Aber auch hier ist eine Zusammenfassung aller Aktivitäten des expandierenden Werkes nicht realisierbar. So forschen die Büssing-Strategen überall nach Möglichkeiten einer kurzfristigen Kapazitätserweiterung.

LS 11/16 von 1961 mit zweigeteiltem Kippauflieger

Commodore S Sattelschlepper und Maßzeichnung Commodore SS mit 200 PS von 1965 (unten)

Durch den Niedergang des traditionellen Schiffsbaus an der deutschen Nordseeküste suchen die Hafenstädte händeringend nach Nachfolgebetrieben, die die freigesetzten Arbeitskräfte übernehmen könnten. So bietet die Stadt Emden der Braunschweiger Firma günstig ein Industriegelände in unmittelbarer Nachbarschaft der Erdölraffinerie Frisia an. Da Büssing im Bereich Braunschweig kaum noch qualifizierte Arbeiter anwerben kann, beabsichtigt man, lohnintensive Fertigungsprozesse nach Emden zu verlagern, denn wegen der hohen Arbeitslosigkeit nach dem Werftensterben liegen die Löhne für Industriearbeiter im Norden der Republik bei weitem niedriger.

Zu Beginn 1961 kann in Emden die Produktion des Burglöwe-Lastwagens aufgenommmen werden.

Im November 1961 erwirbt Büssing aus der Konkursmasse des ehemaligen Borgward-Konzerns für 4,9 Millionen DM das frühere Lastwagen-Werk Osterholz-Scharmbeck in der Nähe von Bremen mitsamt der kompletten Ausrüstung und aller noch vorhandenen Teile. Zunächst verwertet man noch etwa tausend neue Borgward-Lastwagen, führt auch die Produktion der Allradwagen für die Bundeswehr und Hilfsdienstorganisationen weiter (der wegfallende Borgward-Rhombus auf der Haube wird jedoch durch kein Büssing-Markenzeichen ersetzt!). Büssing übernimmt auch die Ersatzteilversorgung für die noch ca. 50 000 zu diesem Zeitpunkt in Verkehr befindlichen Borgward-Lastwagen. Im Rahmen des Büssing-Konzerns ist das Werk Osterholz-Scharm-

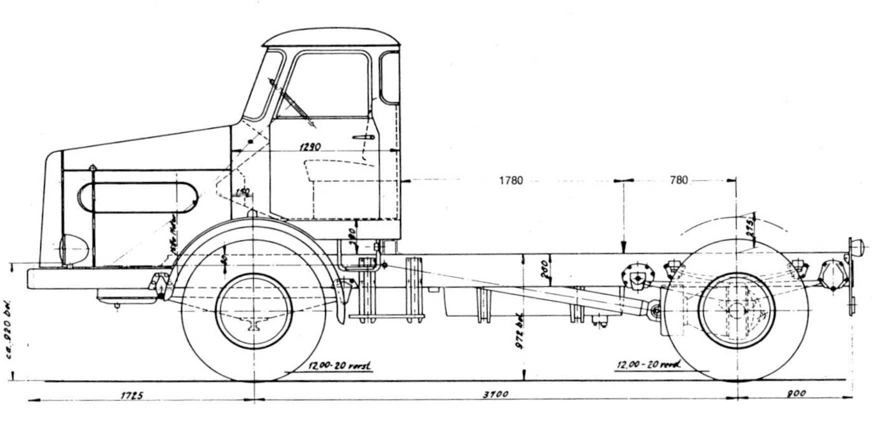

Borgward 0,75 t gl Allrad aus der Büssing-Produktion

beck zuständig für die Fertigung von Aggregaten und Fahrerhäusern, die anschließend nach Braunschweig oder Emden transportiert werden.

Im Rahmen der umfassenden Investitionsvorhaben kauft Büssing 1961 für die Niederlassung Berlin ein 28500 qm großes Gelände in Spandau, um dort ein Ersatzteil- und Reparaturwerk zu errichten.

Die umfangreiche Reorganisation der Firma verschlingt mehr Kapital, als die Familie Büssing aus eigener Tasche aufbringen kann. So entsinnt man sich einer Geschäftsverbindung, die man schon seit einiger Zeit nutzt. Von den zum bundeseigenen Salzgitter-Konzern gehörigen Linke-Hofmann-Busch-Werken bezog Büssing Fahrerhäuser und lieferte Unterflurmotoren für die dort hergestellten Schienenfahrzeuge. Der Kontakt führt zum Erwerb einer Sperrminorität bei Büssing durch die Salzgitter AG. Die neue Verbindung eröffnet auch die Möglichkeit zu einer organisatorischen Neuordnung, die alle Probleme mit einem Streich beseitigen soll. Als Mitte 1963 der erste Spatenstich auf einem 400 000 qm großen Grundstück in Salzgitter-Watenstedt, in der Nachbarschaft der Linke-Hofmann-Busch-Werke, erfolgt, ahnt kaum jemand, daß hier eines der modernsten Lastwagen-Montagewerke auf europäischem Boden entstehen soll. Am 25. Juni 1964 wird die erste Baustufe eingeweiht und vor auserlesenem Publikum verläßt der erste komplett hier montierte Büssing-Lastwagen, ein festlich mit Blumen geschmückter Burglöwe U, das 240 m lange Montageband.

Zwei parallele Montagebänder nimmt die 320 m lange und 80 m breite Halle auf. Nachdem anfangs nur die mittelschwere Burglöwe-Reihe in Watenstedt mit monatlich 120 Exemplaren montiert wird, wird bald auch die Fertigung der Commodore-Modelle aus Braunschweig hierhin verlagert. Endlich ist es möglich, die Produktion wieder in räumlich dicht beieinanderliegenden Werken zu konzentrieren. Bereits im April 1964 ist die Montage der Burglöwe-Modelle in Emden ausgelaufen und das Werk stillgelegt worden. Das 19 km von Salzgitter entfernte Werk in Querum bleibt dem Motoren- und Getriebebau vorbehalten. Die Montage der Lastwagen erfolgt nur noch in Watenstedt.

Das traditionelle Werk am Heinrich-Büssing-Ring in Braunschweig wird in die Braunschweiger Stadtentwicklung integriert. Trotz der Umorganisation bleibt der rechtliche Sitz des Gesamtunternehmens in Braunschweig.

Die Finanzspritze durch die Salzgitter AG - im Herbst 1964 wird das Kapital nochmals um 10 Mill. aufgestockt und dieser Betrag komplett von dem Bundesunternehmen übernommen - führt dazu, daß die in den Medien bereits halb totgesagte Firma Büssing wieder Aufwind bekommt und sich frei von finanziellen Sorgen der technischen Weiterentwicklung des Lastwagen- und Omnibus-Programms widmen kann. Auch die aus Kapazitätsgründen etwas vernachlässigten Exportmärkte können wieder verstärkt angegangen werden. Neben der bereits seit den fünfziger Jahren bestehende Montagevereinbarung mit der Türkei verstärkt Büssing die Zusammenarbeit mit der dänischen Firma Nordisk Karosserifabrik A/S in Svendborg auf Fünen, wo ab 1964 Büssing-Lastwagen und Omnibusse montiert werden.

BS 32 K Exportversion von 1969 mit Mailler Kippmulde

1965

Viele Experimente - wenig Gewinn

Nach dem Ende der finanziellen Sorgen durch den Einstieg der Salzgitter AG - mit Wirkung von 1965 hat sich die Beteiligung des Unternehmens an Büssing auf 74 % erhöht, die Investitionen seit 1959 haben sich bereits auf 182 Mill. DM summiert - erwacht in den Braunschweiger Technikern wieder der alte Erfinder- und Tüftlergeist. So gleicht der Büssing-Stand auf der Frankfurter IAA im Herbst 1965 einem technischen Raritätenkabinett. Eine große Zahl neuer und teilweise revolutionärer Modelle wird gezeigt, kaum eine Baureihe bleibt so wie sie war. Im Mittelpunkt steht der liegende Unterflurmotor. Stehende Zylinderanordnungen sollen möglichst sofort verschwinden. Auch bei Sattelschleppern und Allradkippern sollen nur noch Unterflurmaschinen zum Einsatz kommen, auch wenn dies immense konstruktive Probleme mit sich bringt.

Das an sich löbliche Konzept, das durch eine konsequente Vereinheitlichung von Bauteilen die Ersatzteil-Lagerhaltung vereinfacht hätte und durch Massenproduktion weniger Baukastenteile die Produktion verbilligt hätte, kann sich in der Folgezeit aber nicht für alle Anwendungsbereiche durchsetzen.

Auf der IAA 1965 konzentriert sich das Publikumsinteresse auf die von allem Üblichen abweichenden Büssing-Wagen. Konstruktiv ist der Aufwand für die Umlagerung der Antriebseinheit bei manchen Modellen jedoch so hoch und mit solchen Mehrkosten verbunden, daß die Prototypen nach der IAA sehr schnell wieder in der Schublade verschwinden.

Supercargo 22-150 Decklaster

Motor	Typ U 7/150 Unterflur-Vorkammer-Diesel
Zylinder	6
Leistung PS	150
Max.Drehzahl U/min	2400
Hubraum ccm	7416
Bohrung mm	108
Hub mm	135
Getriebe	6-Gang-Vollautomatik mit Drehmomentwandler
Radstand mm	1300 + 4350
Zul.Gesamtgewicht t	22,0

Das faszinierendste und gleichzeitig größte Gefährt aus der Büssing-Ideenküche und im Freigelände stets von Publikum umlagert ist der Decklaster, ein dreiachsiger Lastwagen, bei dem die gesamte Verkehrsfläche zum Transport von Gütern genutzt wird. Fahrerhaus und Antriebseinheit verschwinden in den Bereich unterhalb der riesigen Ladefläche, die sich in 1,50 m Höhe als durchgehende Plattform über die gesamten 10,5 m der Fahrzeuglänge erstreckt. Supercargo 22-150 nennt Büssing den neuen Ideenträger.

Das vor den beiden lenkbaren Vorderachsen angehängte Fahrerhaus weist zwar mit 1,40 m Innenhöhe echten Pkw-Komfort auf, doch ist die Pkw-ähnliche Sitzposition vor einem relativ steil stehenden Lenkrad und vor allem auf gleicher Ebene mit den übrigen Verkehrsteilnehmern für die Kapitäne der Landstraße doch mehr als gewöhnungsbedürftig.

Da der dreiachsige Decklaster nur als Solofahrzeug gefahren werden kann, reichen die 150 PS des U 7-Diesels für die zulässigen 22 t Gesamtgewicht aus. Die Unterflur-

Supercargo 22-150 Decklaster mit genormten Behältern auf der Ladefläche

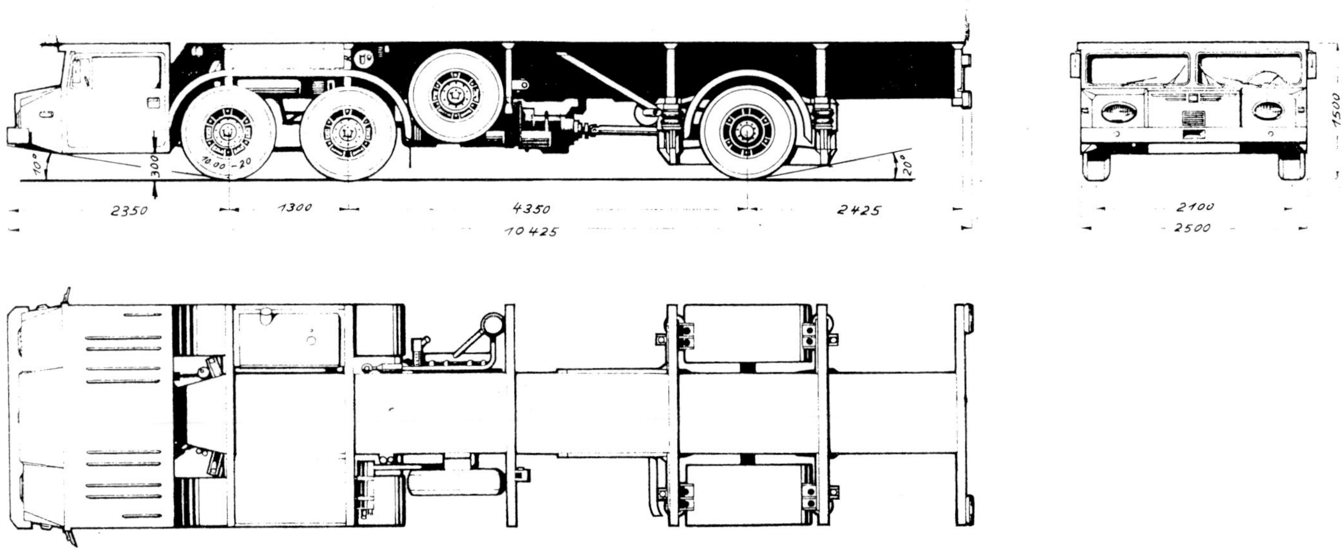

Maßzeichnung Supercargo 22-150 Decklaster

Maschine ist hinter den Vorderachsen installiert. Über ein vollautomatisches Allison-Getriebe wird die Hinterachse angetrieben. Ein Drehmomentwandler ersetzt die Kupplung. Für die Verschiebeeinrichtung auf der Ladefläche ist ein Nebenantrieb vorgesehen, der die notwendige Meiller-Pumpe versorgt. Kabine und Antriebseinheit hängen unter einem aus Hohlprofilen geschweißten Kastenrahmen mit seitlichen Auslegern.

Rundum ist der Decklaster mit Luftfederung und hydraulischen Koni-Stoßdämpfern ausgestattet. Durch die serienmäßige Hydro-Spindellenkung läßt sich das Fahrzeug trotz vier gelenkter Räder noch angenehm steuern. Eine durch Druckluft betätigte hydraulische Zweikreis-Bremsanlage ist kombiniert mit einer auf die Hinterräder wirkende Feststellbremse mit Federspeicher. Hinzu kommt eine elektro-pneumatisch aktivierte Motorbremse. Rundum sind Trilexräder montiert, und zwar in der neu eingeführten Version, bei der die Radsterne ohne Demontage der Naben zusammen mit den Bremstrommeln abgenommen werden können.

Mit der Attrappe eines Liftbusses zeigt die Trepel KG den Decklaster auf einer Luftfahrtschau

Schon 1963 hatte Büssing das revolutionäre Konzept in Prospekten vorgestellt, das dazugehörige Trägerfahrzeug aber noch nicht voll durchkonstruiert. Der rationelle Einsatz des Decklasters geht aus von einer durchorganisierten Transportkette mit genormten Behältern. Im Idealzustand müßte eine komplette Flotte von Decklastern zwischen Be- und Abladestationen verkehren, die jeweils mit genormten Rampen versehen sind. Die Behälter werden vom Trägerfahrzeug, das mit der Stirnseite an die Verladeanlage senkrecht und damit platzsparend heranfährt, automatisch von der Rampenkante aufgenommen, über ein Schienensystem auf der Ladefläche verschoben und anschließend verriegelt. Der gesamte Vorgang kann von einer Person gesteuert werden. Ebenso erfolgt die Entladung der Behälter. Für Stationen, an denen keine Rampen existieren, hat die Hamburger Maschinenfabrik Jungheinrich einen selbstfahrenden "Ameise"-Stapler mit zwei 12 V-Batterien entwickelt. Bei 1,75 m Hubhöhe kann er direkt am Fahrzeugheck des Decklasters mitgenommen werden. Nach Einstecken der Gabeln unterhalb der Ladeplattform zieht er sich selbst hoch.

Die zum Konzept gehörenden Container mit den Außenmaßen 1,26 m Länge, 86 cm Breite und 1,80 m Höhe stammen von der Züricher Rationorm AG. Die hohen notwendigen Investitionen in eine in sich vollständige Transportkette mit Rationorm-Containern und dazugehörigen Decklastern rechnen sich betriebswirtschaftlich nicht, vor allem da sich die international standardisierten Großcontainer mehr und mehr durchsetzen, so daß die Konzeption des Decklasters nur in einem einzigen Exemplar gebaut wird. Nachdem der auf der IAA gezeigte Prototyp längere Zeit im Werk herumsteht, verwendet ihn die Firma Trepel als Blickfang auf einer Luftfahrtausstellung. Die Wiesbadener Spezialisten montieren auf dem Decklaster-Fahrgestell die Attrappe eines liftbaren Flughafen-Busses, der die Passagiere an die zukünftigen Großraumflugzeuge heranbringen soll. Erst später kommt der Decklaster tatsächlich zum Einsatz im Alltagsbetrieb. Er transportiert, ausgerüstet mit einem bordeigenen Ladekran, riesige Flachglasscheiben aus einer Fabrik im südlichen Ruhrgebiet. Sein Gnadenbrot erhält der massige Prototyp heute bei einem Nutzfahrzeugsammler. Daß die Idee des Decklasters nicht so abwegig war, zeigt sich darin, daß die amerikanische Firma Strick das Konzept aufgriff und nach gleichem Prinzip ein Fahrzeug mit durchgehender Ladefläche und darunterliegender Kabine konstruierte. Auch dieses wurde von den Flachglaswerken beschafft und im täglichen Auslieferverkehr eingesetzt.

Supercargo 22-150 Decklaster

Mit dem Decklaster ist die Kreativität der Braunschweiger Ingenieure noch nicht erschöpft. Noch mit weiteren außergewöhnlichen und von allem Bekannten abweichenden Konstruktionen überraschen sie das Fachpublikum. Die Unterflurbauart - Büssing nennt sie selbst die "Bauart der Vernunft"- soll für alle Modelle, die die Fließbänder in Salzgitter-Watenstedt verlassen, verpflichtend sein. Es darf keine Ausnahme von der Regel geben, koste es, was es wolle.

Commodore S 16-210, BS 16 S

Motor	Typ U 11 D
	Unterflur-Direkteinspritzer-Diesel
Zylinder	6
Leistung PS	210
Max.Drehzahl U/min	2100
Hubraum ccm	11580
Bohrung mm	128
Hub mm	150
BS 16 S:	
Motor	Typ U 12 D
	Unterflur-Direkteinspritzer-Diesel
Zylinder	6
Leistung PS	240
Max.Drehzahl U/min	2200
Hubraum ccm	12316
Bohrung mm	132
Hub mm	150
Getriebe	6-Gang-Allklauen
Radstand mm	3000 o. 3400
	(ab 1967 nur 3400)
Zul.Gesamtgewicht t	16,0

Da aber bei Sattelzugmaschinen wirklich kein Platz mehr zwischen den Achsen ist, um eine komplette Unterflur-Antriebseinheit unterzubringen, entsinnt man

S 16-210 Sattelschlepper

Burglöwe 09-110, Gesamtgewicht 8,95 t, Radstand 3600 mm, 110 PS

Burglöwe U, Gesamtgewicht 10,5 t, Radstand 3600/4300/5000 mm, 126 PS

Supercargo 14-185, Gesamtgewicht 14,4 t, Radstand 4350 mm, 185 PS (Direkteinspritzer)

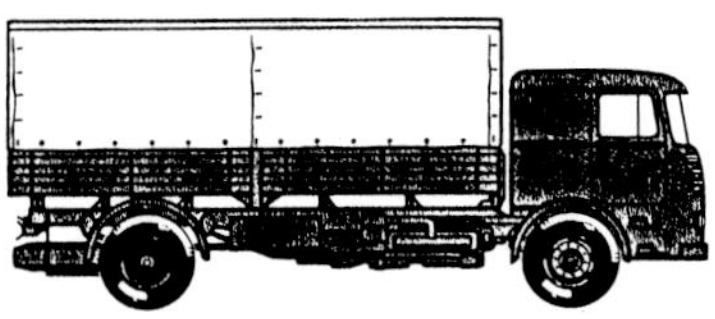
Commodore U, Gesamtgewicht 16 t, Radstand 4800/5150 mm, 210 PS (Direkteinspritzer)

Commodore 19-210, Gesamtgewicht 19 t, Radstand 4000 mm, 210 PS (Direkteinspritzer)

Commodore 16-210, Gesamtgewicht 16 t, Radstand 3000 mm, 210 PS (Direkteinspritzer)

Commodore SS, Gesamtgewicht 16 t, Radstand 3700 mm, 200 PS

Commodore SK, Gesamtgewicht 15,67 t, Radstand 4500 mm, 200 PS

Commodore 22-210 (Allrad), Gesamtgewicht 22 oder 26 t, Radstand 2800/1350 mm, 210 PS (Direkteinspritzer)

Supercargo 22-150 Decklaster, Gesamtgewicht 22 t, Radstand 1300/4350 mm, 150 PS

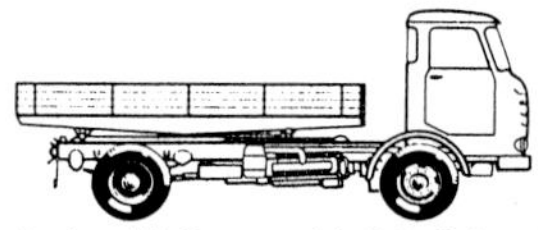
Burglöwe UK, Gesamtgewicht 10,5 t, Radstand 3600 mm, 126 PS

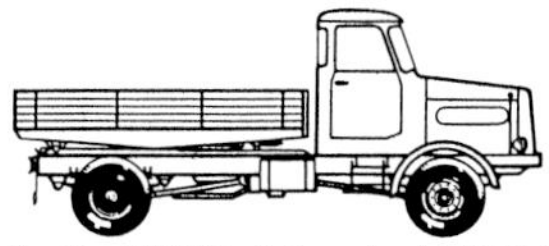
Burglöwe SAK (Allrad), Gesamtgewicht 11,7 t, Radstand 3850 mm, 132 PS

Supercargo 14-150 (Allrad), Gesamtgewicht 14 t, Radstand 3000 mm, 150 PS

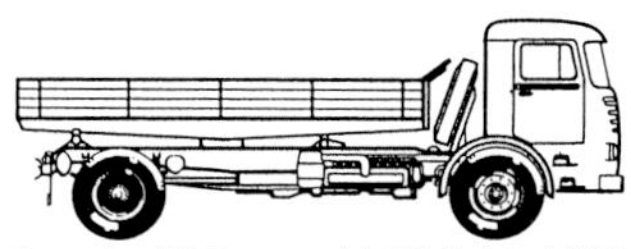
Commodore UK, Gesamtgewicht 16 t, Radstand 4550 mm, 192 PS

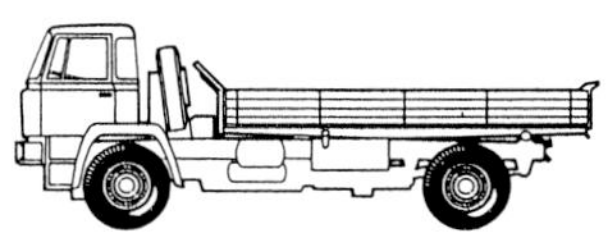
Commodore 16-210 (Allrad), Gesamtgewicht 16 t, Radstand 4500 mm, 210 PS (Direkteinspritzer)

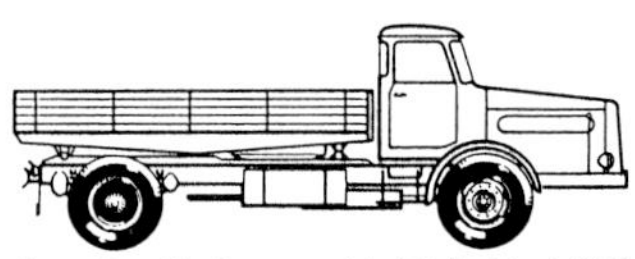
Commodore SK, Gesamtgewicht 16 t, Radstand 4500 mm, 200 PS

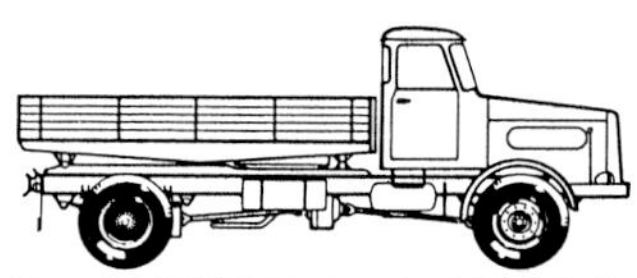
Commodore SAK (Allrad), Gesamtgewicht 16 t, Radstand 4750 mm, 200 PS

Commodore 22-210 (Allrad), Gesamtgewicht 22 oder 26 t, Radstand 2800/1350 mm, 210 PS (Direkteinspritzer)

Burglöwe UM Kastenwagen, Gesamtgewicht 10,5 t, Radstand 4500/5000 mm, 126 PS

Burglöwe Universal (Allrad), Gesamtgewicht 10 t, Radstand 3000 mm, 126 PS

Büssing-Programm zur IAA 1965

Commodore S 16-210 mit Kässbohrer Auflieger

sich des Platzes an der Fahrzeugfront. Und genau dort, vor bzw. teilweise über der Vorderachse wird der aus dem bisherigen U 11-Motor weiterentwickelte, jetzt 210 PS leistende Direkteinspritzer-Diesel mit sechs liegenden Zylindern installiert. Commodore S 16-210 heißt die so konzipierte Sattelzugmaschine. Optisch sieht das Fahrzeug mit der vor der kantigen Kabine irgendwie angeklebt wirkenden Kurzhaube extrem unproportioniert aus, doch haben sich die Braunschweiger einige unkonventionelle Lösungen einfallen lassen. Da durch die Motorlage unterhalb der Kabine ein wichtiger Vorteil des Unterflurmotors, nämlich die ungehinderte Zugänglichkeit verlorenging, entwickelte man ein System verschiedener Klappen in der Front, durch die die wartungsanfälligen Komponenten leicht erreicht werden können. Für Reparaturen an der Motoroberseite, z.B. am serienmäßigen Wärmetauscher, wird eine erhöhte Bodenabdeckung im Kabineninneren abgenommen.

Trotz intensiver Schalldämmung wird das Ohr des Fahrers bei dieser Motoranordnung jedoch mehr belästigt als bei der ansonsten Büssing-typischen Lage der Maschine fernab von der Kabine im Bereich zwischen den Achsen. Testmessungen ergeben eine Lärmschwelle von maximal 86 Phon in der Kabine. Dies wird allerdings auch dadurch verursacht, daß der Auspuff mitsamt Schalldämpfer unterhalb der vorderen Stoßstange liegt, was die Zugmaschine für den Einsatz mit Tankwagen zum Transport feuergefährlicher Stoffe besonders geeignet macht.

Die Kraftübertragung auf die starre Pistolen-Hinterachse erfolgt über eine Zweischeiben-Trockenkupplung und ein unsynchronisiertes ZF Sechsgang-Getriebe, gegen Mehrpreis mit elektropneumatisch betätigter Vorschaltgruppe. Das Getriebe ist als separate Einheit zwischen Motor und Hinterachse im Rahmen aufgehängt. Die Hinterachse ist zwar für 13 t Achslast ausgelegt, darf aber nach aktueller Gesetzgebung nur mit 10 t Belastung gefahren werden.

Büssing ist mit dem Commodore S 16-210 zu diesem Zeitpunkt der einzige deutsche Hersteller, der serienmäßig eine Sattelzugmaschine mit Luftfederung anbietet. Aufwendig ist auch die Aufhängung der Achsen. Die vordere Faustachse mit Kröpfung nach unten besitzt an beiden Seiten eine Platte, auf der die Luftfederfaltenbälge aufsitzen. Lastabhängige Teleskopstoßdämpfer übernehmen die Dämpfung. Geführt wird die Achse über Diagonal- und Querlenker.

Der Commodore S 16-210 soll nach dem Willen der Produktplaner eigentlich den Commodore FS Sattelschlepper mit stehendem Motor komplett ersetzen. Die Kunden laufen jedoch nicht wie erwartet mit fliegenden Fahnen zu dem Unterflurkonzept über, so daß das neue Modell ein Schattendasein als luftgefederte Alternativlösung zu den kostengünstigeren Frontlenkern mit stehenden Motoren führt.

Es wird in relativ geringer Anzahl verkauft, überlebt zwar noch den Modellwechsel von 1967 und erhält unter der neuen Typbezeichnung BS 16 S den stärkeren 240 PS-Diesel. Das Jahr 1968 bedeutet jedoch das endgültige Aus für die unkonventionelle Konzeption mit dem vor der Vorderachse liegenden Unterflurmotor.

Fortan gibt es auch bei Büssing nur noch Sattelzugmaschinen in konventioneller Frontlenker-Aus-

Burglöwe 09-110 mit 110 PS Unterflur-Diesel

führung mit in der Kabine stehenden Maschinen.

Zur IAA 1965 sieht Büssing auch eine Programmerweiterung im Bereich der schweren Baustellenfahrzeuge vor. So präsentiert man einen allradgetriebenen Drei-

Commodore 22-210 Allrad-Sattelzugmaschine

achs-Kipper und eine ebenso ausgelegte geländetaugliche schwere Sattelzugmaschine. Getreu der herrschenden Firmenphilosophie muß auch hier ein Unterflurmotor zum Einsatz kommen. Wiederum ist die 210 PS-Direkteinspritzer-Maschine vor der Vorderachse eingebaut und wird durch eine angesetzte Kurzhaube verborgen. Die beiden Modelle der Baureihe Commodore 22-210 sind für 22 t zulässiges Gesamtgewicht ausgelegt, können außerhalb öffentlicher Straßen aber auch mit 26 t gefahren werden. Hinter dem sechsgängigen Schaltgetriebe liegt ein 2-Gang-Verteilergetriebe, das über ein Differential mit Sperre die Kraft nach vorn und nach hinten verteilt. Vor der ersten Hinterachse spaltet sich der Antrieb in zwei Einzelwellen, von denen der Antrieb der letzten Achse durch das Gehäuse der ersten hindurchführt.

Durch ein Lamellen-Selbstsperr-Differential wird das Doppelachsaggregat in sich verbunden. Die schweren Allradwagen kommen jedoch nicht über ein Prototypenstadium heraus und werden nicht in die Serie übernommen. Ein gleiches Schicksal erleidet der ebenfalls zur IAA 1965 präsentierte zweiachsige Allrad-Kipper Commodore 16-210. Trotz des in Fahrzeugmitte liegenden Unterflurmotors kann das Fahrgestell niedrig gehalten werden und erreicht durch einen tief liegenden Schwerpunkt eine gute Geländestabilität. Allerdings fällt der Radstand mit 4500 mm relativ lang aus. Über ein sperrbares Differential-Verteilergetriebe ist der Antrieb beider Achsen ständig im Eingriff. Auch mit einem Allrad-Kipper mit vor der Vorderachse liegenden Unterflur-Motor will Büssing 1965 auf den Markt kommen. Aber auch der Supercargo 14-150 genannte, 150 PS starke Wagen bleibt eine Einzelstudie.

Mit diesen Fahrzeugen ist die Reihe der zwar spektakulären, aber in der Entwicklung kostenträchtigen Experimente noch nicht zu Ende. Wie sich bald zeigt, wird die technische Kreativität von den Kunden nicht honoriert, die unkonventionellen Lösungen werden vom Markt nur zögernd oder überhaupt nicht angenommen.

Zu diesen eigentlich zukunftsweisenden Ideen gehört der zur IAA 1965 vorgestellte Verteiler-Lastwagen Burglöwe 09-110. Ausgehend von der Erkenntnis, daß ein Auslieferungsfahrer während seiner innerstädtischen Runde unzählige Male ein- und aussteigen muß, verlegten die Büssing-Techniker die Kabine vor die Vorderachse, so daß die untere Trittstufe gerade 35 cm über der Fahrbahnoberfläche liegt. Büssing verkündet stolz im Prospekt: "In den Burglöwe L 09-110 steigt man nicht ein. Sondern einfach: Tür auf - hinsetzen und los!" In der Kabine - die Werbetexter sprechen gar von einem "Fahrercoupe" - ist ausreichend Platz für drei Personen.

Burglöwe 09-110, BS 09 LT

Motor	Typ U 5/125
	Unterflur-Vorkammer-Diesel
Zylinder	6
Leistung PS	110
Max.Drehzahl U/min	2400
Hubraum ccm	5890
Bohrung mm	100
Hub mm	125
Getriebe	5-Gang-Synchron
Radstand mm	3600
Zul.Gesamtgewicht t	8,95

Serienmäßig ist es ausgestattet mit Kunststoffverkleidung, gepolsterten Armlehnen und einer

Warmwasserheizung mit Gebläse für Warm- und Frischluft. Zusätzliche Belüftung schafft eine Dachluke. Der Fußboden der Kabine besteht aus einem nichtrostenden Kunststoff-Formteil, das von der Schwesterfirma Linke-Hofmann-Busch stammt. Drei Scheibenwischer reinigen die großflächige Panoramascheibe. Nach allen Seiten hin ist die Fahrerkabine großzügig verglast, auch wenn der Blick nach hinten in der Regel durch Ladefläche und Ladung versperrt ist. Aufgrund seiner niedrigen Kabine und der insgesamt gedrungenen Silhouette wird der Verteiler-Lastwagen später scherzhaft als "Staubsauger" tituliert.

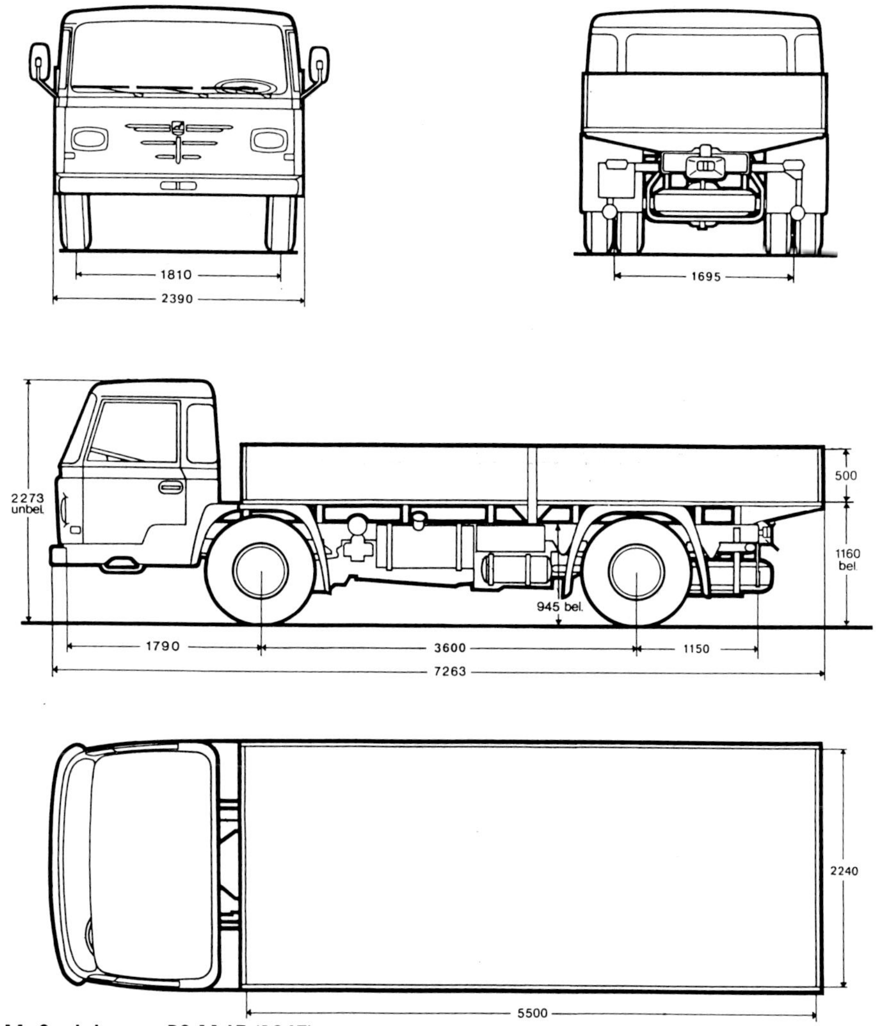

Maßzeichnung BS 11 LT (1967)

BS 11 LT

Motor	Typ U 5/125
	Unterflur-Vorkammer-Diesel
Zylinder	6
Leistung PS	126
Max.Drehzahl U/min	2800
Hubraum ccm	5890
Bohrung mm	100
Hub mm	125
Getriebe	5-Gang-Synchron
Radstand mm	3600
Zul.Gesamtgewicht t	10,8

Büssing-üblich liegt die im Burglöwe 09-110 auf 110 PS eingestellte Wirbelvorkammer-Maschine des Typs U 5/125 unterflur zwischen den Achsen. Damit zeigt sich der für 8,95 t Gesamtgewicht (er ist mit dieser Gewichts-Auslegung von vielen Beschränkungen ausgenommen, die für schwerere Lastwagen gelten) zugelassene Laster sehr lebendig im Stadtverkehr. In 8,5 Sekunden beschleunigt er von 0 auf 30 und in 10 Sek. von 30 auf 50 km/h bei einer maximal möglichen Geschwindigkeit von 87 km/h. Ungedrosselt leistet dieselbe Maschine im 1967 erscheinenden Schwestertyp Burglöwe 11-126 T jedoch 126 PS. Wie die Typbezeichnung schon andeutet, ist dieses Fahrzeug für etwa 11 t Gesamtgewicht ausgelegt (10,8 t). Äußerlich sind die beiden Geschwister zu unterscheiden an der Einfachbereifung, die der 09-110 rundum aufweist, während der 11-126 T hinten Zwillingsreifen besitzt.

Ab 1967 werden die Typbezeichnungen bei Büssing generell geändert, und die leichten Vertei-

BS 11 LT von 1967

Trepel Scherenhubwagen für den Flughafenservice auf BS 11 LT

ler-Lastwagen erhalten die Kürzel BS 09 LT bzw. BS 11 LT. Die Motorisierung mit 110 PS oder mit 126 PS bleibt gleich. Mit synchronisiertem Fünfgang-Getriebe, hydraulischer, druckluftunterstützter Vierradbremse, auf die Hinterräder wirkender Federspeicher-Feststellbremse und elektro-pneumatisch betätigter Motorbremse sowie mit der fahrerfreundlichen Kabine bringen die LT-Typen eigentlich die besten Voraussetzungen für ein Verteilerfahrzeug mit, liegen auch im Preis etwa auf gleicher Höhe mit der Konkurrenz, doch sie werden von den Kunden einfach nicht angenommen. Die Gründe hierfür dürften mehr im psychologischen Bereich liegen. Zu einem richtigen Lkw gehört eine entsprechend hohe Sitzposition. Auch das subjektive Sicherheitsempfinden des so weit vorn exponierten Fahrers spielt dabei eine Rolle.

Radikal umgestaltet werden auch die Brot-und-Butter-Autos der Marke Büssing, die Wagen, die das Geld verdienen sollen für all die kostspieligen Experimente. Alle Baureihen erhalten neue Kabinen, entworfen von dem renommierten Designer Louis L. Lepoix. Charakteristisches Element der baukastenmäßig konzipierten Fahrerhäuser sind die scharfen Kanten und die damit glattflächige und funktional wirkende Gesamtform. Unter der großflächigen einteiligen Frontscheibe erscheint wieder die klassische Büssing-Spinne, allerdings in stark vereinfachter Form. Sozusagen den stilistischen Bauchnabel bildet das traditionelle Emblem mit dem Braunschweiger Burglöwen.

Als Grundeinheit bleibt die Kabine für alle Anwendungsbereich vom kleinen Verteilerwagen bis zum schweren Fernverkehrs-Fahrzeug prinzipiell gleich. Für die Langstreckenversionen wird das Haus durch Einsetzen eines 50 cm breiten Zwischenstückes vergrößert. Die Fahrzeuge mit Unterflurmotoren vor der Vorderachse haben einen kleinen Vorbau zur Aufnahme des Lüfters. Auch die tiefliegende Kabine der LT-Modelle entstammt demselben Baukasten. Selbst die untere Aussparung in der

Supercargo 14-185 mit Schleppachse von Clerck, Wuppertal

Supercargo 14-185 mit Kofferaufbau von Thiel, Bremen

Tür, die in den hohen Kabinen mit den Radausschnitten deckungsgleich ist, wird bei der LT-Reihe als funktionsloses Element beibehalten. Bei den traditionellen Unterflur-Modellen ist der Fahrerhausboden absolut eben, ohne störende Podeste oder andere Hindernisse. Ein großer Nachteil der Einheitskabine zeigt sich allerdings, als die von dem unbegrenzten Raumangebot der Commodore U-Fahrerhäuser verwöhnten Fernverkehrskapitäne umsteigen sollen auf die schmalen Lepoix-Kreationen.

Als Programmergänzung importiert Büssing ab 1964 aus Italien leichte OM-Lastwagen, hier ein OM 45 von 1969 mit Aufbau von Kroll

Supercargo 14-185

Motor	Typ U 11 D
	Unterflur-Direkteinspritzer-Diesel
Zylinder	6
Leistung PS	185
Max.Drehzahl U/min	2100
Hubraum ccm	11580
Bohrung mm	128
Hub mm	150
Getriebe	6-Gang-Allklauen
Radstand mm	4350 o. 4600
Zul.Gesamtgewicht t	14,4
	(ab Ende 1966:14,6)

Bei den Mittelklasse-14 Tonnern mit der Typbezeichnung Supercargo 14-185, die ebenfalls zur IAA 1965 vorgestellt werden, nimmt man dies gerade noch so hin, doch in der schweren Klasse muß zunächst noch der ehrwürdige, in seinen Design-Grundprinzipien aus den fünfziger Jahren stammende Commodore weiterhin die Flagge hochhalten und wird erst 1967 durch einen neuen BS 16 L mit Großraumkabine im Lepoix-Stil abgelöst bzw. in einigen Versionen noch parallel weitergebaut. Der Supercargo 14-185 ist der erste Typ in konventioneller Unterflur-Bauweise, der mit dem neuen Haus tatsächlich auch an Kunden verkauft wird.

Die 11,6 Liter-Direkteinspritzer-Maschine ist die gleiche, die auch in den Fernverkehrs-Commodore zum Einsatz kommt. Während sie dort aber als Unterflurmotor 210 PS erbringt, ist die Supercargo-Maschine aus Wirtschaftlichkeitsgründen auf 185 PS gedrosselt. Das Fahrerhaus wird in kurzer und in langer Ausführung geliefert. Auch eine Kipperversion des neuen Supercargo ist erhältlich.

Erst nach und nach fließen die Modelle mit dem Lepoix-Haus in die Serie ein, obwohl auf der IAA 1965 schon für alle Ausführungen bunte Prospekte verteilt werden. Doch lange noch müssen noch die bewährten Baureihen von Burglöwe, Supercargo und Commodore weitergeführt werden.

Die Kosten für ein intensives Durchkonstruieren und Erproben einer solchen Vielzahl neuer Modelle würden schon das Budget einer Weltfirma sprengen, geschweige denn eines Familienbetriebes, der sich gerade erst durch die Finanzspritze eines großen Konzernes hat retten können. Die Beteiligung der bundeseigenen Salzgitter AG steigt 1965 durch eine weitere Kapitalerhöhung auf 74 %. Das Geschäftsjahr 1965 schließt bei Büssing mit einem Defizit von 70 Mill. DM ab. Gerüchte über Werksschließung oder Verkauf an einen anderen Hersteller machen die Runde. Selbst von einer amerikanischen Beteiligung ist in der Branche die Rede.

Büssing-OM Lupetto 27 mit 80 PS-Diesel und Leichtmetall-Kofferaufbau von Büssing & Sohn

1967

Bündnis mit MAN - der Anfang vom Ende

Drei Lastwagenhersteller teilen sich 1966 etwa 79 % der deutschen Zulassungen über 8 t Gesamtgewicht, angeführt von Mercedes mit allein 45,9 %, gefolgt von MAN (19,7 %) und Magirus (14 %). Den Rest von nur noch 21 % müssen sich vier weitere deutsche Anbieter teilen. Es sind dies (in der Reihenfolge) Henschel, Büssing, Krupp und Faun. Büssing liegt dabei mit 1321 in Deutschland verkauften Lastwagen bei 4,9 % der Zulassungen. Insgesamt produziert Büssing 2076 mittlere und schwere Laster im Jahre 1966. Diese Zahlen und das Gesamtdefizit von 140 Millionen DM, das sich bei Büssing in den abgelaufenen drei Geschäftsjahren angesammelt hat, machen klar, daß die traditionsreiche Firma nicht mehr ohne einen starken Partner weiterleben kann.

Burglöwe L 11-126

Schon 1962 existierte ein Plan des Büssing-Generaldirektors Severin Bertsch, die Braunschweiger Firma in eine Kooperation mit MAN zu führen, bei der Büssing den Omnibusbau und einige Unterflur-Fernverkehrs-Lastwagen beisteuern sollte und die Münchener den Rest des Programms, das Ganze mit weitgehender Vereinheitlichung der wichtigsten Aggregate. Da Bertsch auf dem Wege zu den Verhandlungen mit MAN schwer verunglückte und sich die Gespräche daher verzögerten, drängte die Deutsche Bank als Eigner eines großen Aktienpakets der neu gegründeten Büssing AG auf eine baldmögliche Klärung der Finanzlage bei Büssing.

Burglöwe L 11-126 von 1967

Anfang 1967 kommt es schließlich zu einem Vertrag zwischen MAN und der inzwischen zu 75 % zum Salzgitter-Konzern gehörenden Firma Büssing, der eine Kooperation mit dem Ziel der Abstimmung beider Fertigungsprogramme beinhaltet. Zunächst ist von einer Fusion beider Unternehmen nicht die Rede. Es wird vielmehr eine Betriebsgesellschaft gegründet, die zu beinahe gleichen Teilen MAN und Salzgitter gehört und die die Produktionsanlagen der Firma Büssing für ihre Zwecke anpachtet.

Burglöwe 11-126, BS 11 L / K / S (Modelle 1967/68)

Motor	Typ U 5/125
	Unterflur-Vorkammer-Diesel
Zylinder	6
Leistung PS	126
Max.Drehzahl U/min	2800
Hubraum ccm	5890
Bohrung mm	100
Hub mm	125
Getriebe	5-Gang-Synchron
Radstand mm	3600 o. 4300
BS 11 K / S:	3600
Zul.Gesamtgewicht t	11,0

Frei von den bisherigen Schulden, die bei Salzgitter verbleiben, kann diese Gesellschaft mit einem Stammkapital von 20 Mill. DM weitgehend eigenständig arbeiten. Wichtigste Ziele sind zunächst, den treuen Büssing-Kunden die Weiterführung des Werkstättennetzes und eine weitere Betreuung zu garantie-

BS 12 L in der Ausführung von 1968. Die 68er-Modelle und spätere Versionen besitzen eine Lüftungsöffnung oberhalb der Stoßstange

ren, Entwicklung und Forschung miteinander abzusprechen und eine Bearbeitung der Auslandsmärkte durch den jeweils vor Ort stärkeren Partner. Probleme schaffen die Verkaufs- bzw. Fabrikationsverbindungen, die beide Firmen mit ausländischen Unternehmen eingegangen sind. Büssing verkauft seit 1964 italienische OM Leichtlastwagen, zuerst unter dem Signet mit dem zwei Buchstaben, bald aber auch unter dem Markennamen Büssing-OM. MAN hingegen hat mit dem halbstaatlichen französischen Saviem-Renault-Verbund ein Abkommen über die Lieferung von Motoren an die Franzosen und im Gegenzug über den Import von kleineren Lastwagen aus Saviem-Fertigung und deren Verkauf in Deutschland unter dem MAN-Namen.

Die neue Firmenstruktur bringt Büssing zumindest wieder aus den roten Zahlen. Das Geschäftsjahr 1968/69 schließt schon mit einer etwa ausgeglichenen Bilanz ab. Dies ist eine Folge der Straffung der Produktion und der Konzentration auf die verbliebenen Werke in Braunschweig-Querum und in Salzgitter-Watenstedt. Das aus der Konkursmasse von Borgward stammende Zweigwerk Osterholz-Scharmbeck wird an die Nürnberger Faun-Werke verkauft, die dort Kommunalfahrzeuge herstellen wollen.

Die von der gemeinsamen Gesellschaft beabsichtigten Rationalisierungsmaßnahmen werden erstmals deutlich auf der IAA 1967. Hier steht Büssing mit einem gestrafften Programm an mittleren und schweren Lastwagen, alle ausgestattet mit dem modernen von Lepoix gezeichneten Einheitsfahrerhaus, dem ein sog. Großraumfahrerhaus im selben Design zur Seite gestellt wird. Neu ist 1967 auch die Typbezeichnung aller Modelle. Sie besteht aus den beiden Buchstaben BS und der Angabe des zulässigen Gesamtgewichts in vollen Tonnen. So werden die beiden Verteilerlastwagen mit der Niedrigkabine umbenannt in BS 09 LT (mit 110 PS-Maschine) bzw. BS 11 LT (mit dem ungedrosselt 126 PS leistenden gleichen Motor).

Der BS 11 LT wird zur IAA 1967 erstmals öffentlich vorgestellt. Es dauert jedoch noch einige Zeit, bis der Verkauf dieses Modells endgültig anläuft. Es ist zu diesem Zeitpunkt der erste deutsche Mittelklasse-Lastwagen mit einer stadtverkehrsfreundlichen serienmäßigen Hydrolenkung. Die Feststellbremse muß nicht mehr über einen langen Handhebel mühsam in Position gebracht werden, vielmehr blockiert ein vorgespannter Federspeicher automatisch die Hinterräder. Dieser wird vom Fahrerhaus über ein Ventil durch

BS 11 S (1968) mit Kässbohrer Möbel-Auflieger

Ackermann Möbelkoffer auf BS 11 FSA mit langem Fahrerhaus

Druckluft gelöst, eine nicht zu unterschätzende Entlastung im Verteilerverkehr mit häufigen Haltestellen.

In der gleichen Gewichtsklasse bietet Büssing parallel, aber mit konventionell angeordnetem Fahrerhaus, den BS 11 L. Auch bei diesem liegt der 126 PS leistende Unterflur-Diesel unterhalb des Rahmens in Fahrzeugmitte. Synchronisiertes 5-Gang-Getriebe und Federspeicher-Handbremse sind ebenfalls identisch. Der BS 11 L ist jedoch in mehreren Radstandsvarianten und wahlweise mit der kurzen Kabine "A" oder mit dem Fernfahrerhaus "B" lieferbar. Auch eine Sattelzugmaschine BS 11 S und ein Kipper BS 11 K stehen im Angebotsprogramm. 1968 kommen mit gleicher Kabine und gleicher Motorisierung, aber mit höheren zulässigen Gesamtgewichten, die zusätzlichen Varianten BS 12 L und BS 13 L. Es entfallen dafür die Kipper- und Sattelschlepper-Versionen des BS 11.

Eine Nummer größer steht als Nachfolger des bisherigen Supercargo 14-185 des Modell BS 14 L bzw. als Kipper BS 14 K. Während das Fahrerhaus dem der leichteren Typen gleicht, kann man die schwereren Modelle, die durch größere Bereifung und einen verstärkten Rahmen insgesamt höher bauen, erkennen an einem Zwischen-Blechteil mit Kühlergitter, das zwischen der Stirnwand mit der traditionellen Büssing-Spinne und der Stoßstange mit den integrierten Scheinwerfern eingefügt ist.

BS 15 L mit 210 PS-Diesel und erhöhtem Fahrerhaus B mit zwei Schlafliegen

BS 11 FSA, BS 12 L, BS 13L (Modelle 1968)

Motor		Typ U 7 D
		Unterflur-Direkteinspritzer-Diesel
Zylinder		6
Leistung PS		135
	BS 13 L:	156
Max.Drehzahl U/min		2400
Hubraum ccm		7416
Bohrung mm		108
Hub mm		135
Getriebe		5-Gang-Synchron
	BS 13 L:	6-Gang-Allklauen
Radstand mm		4300
		FSA-Fahrg. 5200
Zul.Gesamtgewicht t		
	BS 11 FSA:	11,2
	BS 12 L:	12,2
	BS 13 L:	13,0

BS 14 L / K (1967), BS 15 L (1968/69)

Motor		Typ U 11 D
		Unterflur-Direkteinspritzer-Diesel
Zylinder		6
Leistung PS	BS 14 L/K:	185
	BS 15 L:	192 (ab 1969: 210)
Max.Drehzahl U/min		2100
Hubraum ccm		11580
Bohrung mm		128
Hub mm		150
Getriebe		6-Gang-Allklauen
Radstand mm	BS 14 L:	4350 o. 4600
	BS 14 K:	4350
	BS 15 L:	4800
Zul.Gesamtgewicht t		
	BS 14 L:	14,6
	BS 14 K:	14,8
	BS 15 L:	15,0

BS 14 L mit 185 PS-Diesel von 1967 (Fahrerhaus B mit zwei Schlafliegen, Radstand 4600 mm)

Eigentlich hatte man bei Büssing vor, das komplette Programm, also auch die Allradwagen auf Unterflurmotoren umzustellen. Doch der Unterflur-Allradler Supercargo 14-150 ist in seiner Konzeption so problematisch, daß man auf eine kostenintensive Weiterentwicklung des auf der IAA 1965 vorgestellten Prototyps verzichtet. Andererseits muß dringend ein Ersatz für den alternden Burglöwe SAK gefunden werden. So präsentiert Büssing 1967 einen vollständig neuen Allrad-Kipper, allerdings nicht mit Unterflur-Maschine, sondern ganz konventionell mit stehendem Motor.

BS 15 AK von 1968

Supercargo AK 14-150, BS 14 AK, BS 15 AK

Motor	Typ S 7 D Direkteinspritzer-Diesel
Zylinder	6
Leistung PS	150
Max. Drehzahl U/min	2400
Hubraum ccm	7416
Bohrung mm	108
Hub mm	135
Getriebe	6-Gang-Allklauen und 2-Gang-Verteiler
Radstand mm	3300
Zul.Gesamtgewicht t	
BS 14 AK	14,6
BS 15 AK	15,0

BS 15 AK als Schausteller-Zugmaschine

Im Rahmen der Programmrationalisierung erhält der neue Typ BS 14 AK dasselbe kantige Lepoix-Haus wie die Straßenlastwagen. 150 PS leistet der Direkteinspritzer-Diesel des Typs S 7 D. Äußeres Kennzeichen gegenüber den Unterflur-Modellen ist ein herausnehmbares Kühlergrill hinter der Büssing-Spinne. 1968 erhöht sich das zulässige Gesamtgewicht des Allrad-Kippers von bislang 14,6 t auf volle 15 t und damit auch die Typbezeichnung in BS 15 AK. Ab 1969 wird die Leistung der S 7 D-Maschine mit 156 PS angegeben. Der Kippaufbau des extrem geländegängigen Baufahrzeug ist in Gummi gelagert und damit klapper- und weitgehend wartungsfrei. Zwischen Kippbrücke und Fahrerhaus klafft ein Abstand, in dem ohne Probleme ein Ladekran montiert werden kann.

Als Ablösung für den Commodore U Fernverkehrswagen stellt Büssing 1967 den BS 16 L vor. Der sechszylindrige, unterflur lie-

BS 15 AK mit Feka Abrollkipper

Eylert Frigomax-Aufbau auf BS 16 L mit kurzer Kabine für die NAAFI, die zivile Versorgungsorganisation der britischen Truppen in Deutschland. Ganz unten: Maßzeichnung BS 16 L mit 240 PS (1967)

gende Direkteinspritzer-Diesel des Typs U 12 D leistet in diesem Modell 240 PS. Das neue Triebwerk basiert im Prinzip auf dem bisherigen, in den letzten Commodore U-Modellen verwendeten U 11 D-Motor. Der Hubraum wurde durch Vergrößerung der Bohrung von 11580 ccm auf 12316 ccm angehoben. Neu sind die Einzel-Zylinderköpfe und die wartungsfreie PE-Pumpe. Mit einem maximalen Drehmoment von 86 mkp bei 1300 U/min bietet der BS 16 L ein starkes Zugvermögen bei hohen Durchschnittsgeschwindigkeiten. Serienmäßig installiert ist eine Zweikreis-Bremsanlage, Hydrolenkung, Federspeicher-Feststellbremsen und eine Zentralschmierung, die den BS 16 L weitgehend wartungsfrei macht. Erstmalig im

Da die Stehhöhe in der Lepoix-Werkskabine nicht befriedigt, hat dieser BS 16 L ein spezielles Hochdach (Aufbau: Schölch, Kassel)

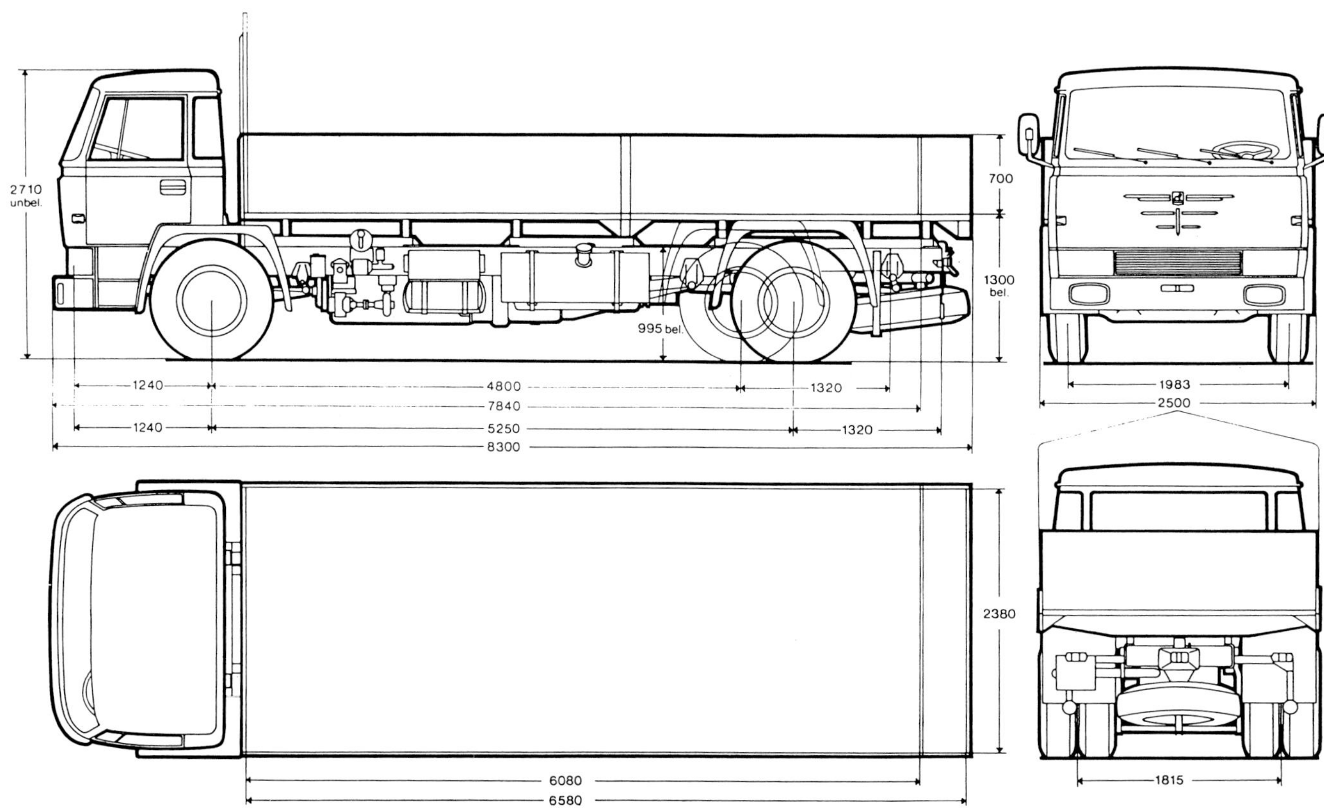

Nutzfahrzeugbau verwendet Büssing elastische, wartungsfreie Parabelfedern mit Teleskopstoßdämpfern und Stabilisator. Keine dicken Federpakete sind mehr nötig, sondern allein drei, durch Kunststoffplatten auf Distanz gehaltene keilförmige Federblätter.

BS 16 L, BS 22 L (Modelle 1967-69)

Motor	Typ U 12 D
	Unterflur-Direkteinspritzer-Diesel
Zylinder	6
Leistung PS	240
Max.Drehzahl U/min	2200
Hubraum ccm	12316
Bohrung mm	132
Hub mm	150
Getriebe	6-Gang-Allklauen
Radstand mm	BS 16L: 4800 o. 5250
	BS 22 L: 4800 + 1300
	(ab 1969: 4800 + 1305)
Zul.Gesamtgewicht t	BS 16 L: 16,0
	BS 22 L: 22,0

Diese Konzeption fand bislang nur im Anhänger- und Omnibusbau Verwendung, bei Lkws höchstens als Zusatzfedern. In der Fernverkehrsausführung erfüllt der 16 Tonner die Forderungen der ISO-Norm mit 6080 mm Pritschenlänge bei 8300mm Gesamtmaß des Fahrzeugs. Die Bordwände der 1,80 m breiten Pritschen ragen praxisgerecht 70 cm hoch. Zwei 200 l fassende Tanks an den beiden Rahmenseiten geben dem BS 16 L einen Aktionsradius von ca. 500 km.

BS 16 L mit Schmitz Pritschenaufbau in Palettenausführung. Unten: BS 16 L mit Büssing & Sohn-Kabine im Stil des Commodore U (Thermoswagen-Aufbau von Schmitz, Altenberge)

Das Einheits-Fahrerhaus mit dem Lepoix-Design ist ausgestattet mit einem hydraulisch gefederten Fahrersitz und einer Beifahrerdoppelsitzbank. Die Ruhe in der Kabine ist wieder vorbildlich, denn die Maschine ist in den Raum unter der Ladefläche verbannt. Das verlängerte Fahrerhaus B, das wahlweise neben der Kurzausführung "A" geboten wird, glänzt mit 2,10 m Länge, so daß Schlafliegen von 70 cm

BS 22 L von 1968. Unten: BS 16 S in der 216 PS-Version von 1968 mit höher liegender Stoßstange

Breite Platz finden. Das grundsätzliche Problem liegt darin, daß im Rahmen der Rationalisierungsbemühungen gleiche Kabinenteile für Verteiler- und für Fernverkehrswagen verwendet werden. Der entstandene Kompromiß in den Abmessungen wird bei den ersteren positiv empfunden, bei den Fernverkehrskapitänen gibt es jedoch Klagen über die Stehhöhe in dem niedrigen Haus mit flachem Dach. Auch die Ausstattung der ersten Modelle mit rotem Kunstleder wird von den Testern als antiquiert empfunden. So stellt Büssing 1968 das neue Großraum-Fahrerhaus vor, das im Dachbereich 17 cm höher ist. Der mehrfach verstellbare Fahrersitz ist mit atmungsaktiven Stoffbezügen versehen. Auch die 1,90 m langen Schlafliegen weisen Stoffbezüge und Schaumstoffauflagen auf. Die untere Liege deckt dabei einen Werkzeug- und Zubehörkasten ab. Fortan werden alle Fernverkehrswagen serienmäßig mit dem erhöhten Dach ausgeliefert. Durch die Lage des relativ schweren Triebwerks in der Fahrzeugmitte bedingt sind der kurze hintere Überhang und damit eine günstige Belastung der Antriebsachse auch bei unbeladenem Fahrzeug. Dies prädestiniert die neue Konstruktion zur Verwendung als Schleppachswagen, bei dem stets genügend Last auf die angetriebenen Räder drückt.

So kommt Büssing nach langer Abwesenheit anläßlich der IAA 1967 wieder in den Markt der schweren Dreiachs-Fernverkehrswagen zurück. Der neue BS 22 L wird offiziell im Programm angeboten, während man für die Commodore-Reihe entsprechende Umbauten der Wuppertaler Firma Clerck überließ. 7 m Ladefläche sind trotz Fernverkehrshaus noch möglich.

Bei einem zulässigen Gesamtgewicht von 22 t trägt der neue BS 22 L eine Nutzlast von bis zu 13430 kg. Zusammen mit einem zweiachsigen 16 t-Anhänger kann der Nachlaufachser zu einem 38 t-Zug kombiniert werden. Mit Ausnahme des verlängerten Rahmens mit den einzeln aufgehängten nach-

BS 16 S in der Ausführung von 1968 mit Schmitz Dreiachs-Auflieger. Unten: BS 16 S von 1968 als Sattelzugmaschine mit Luftfederung

laufenden Einzelrädern ist der BS 22 L in technischer und optischer Hinsicht identisch mit dem zweiachsigen BS 16 L. Auch bei ihm wird das zunächst flache Dach 1968 durch eine höhere Großraumversion ersetzt.

Neben den verschiedenen Modellen aus dem Einheitsbaukasten bleiben im Büssing-Programm von 1967 jedoch immer noch die mittlerweile altehrwürdigen Baufahrzeugtypen Commodore UK mit der im Prinzip aus den fünfziger Jahren stammenden Kabine und die Haubenwagenmodelle Burglöwe SAK und Commodore SK und SAK. Einziges Relikt der mit so viel Euphorie vorgestellten 1965er-Modelle mit dem Unterflur-Motor vor der Vorderachse bleibt die luftgefederte Sattelzugmaschine BS 16 S. Der Burglöwe U wird nur noch als Langfahrgestell UM für Möbelwagen- und andere Großraumaufbauten angeboten. Mit dem luftgefederten Sattelschlepper mit vor der Vorderachse liegendem Unterflurmotor wird Büssing nicht so recht glücklich. Zu vielfältig sind die Probleme bei der Abstimmung der relativ kopflastigen Zugmaschine in der Kombination mit ebenfalls luftgefederten Aufliegern. Die Zugängigkeit zur Maschine ist auch nicht mehr dieselbe, wie man sie von Büssing bislang gewöhnt war. So zieht man 1968 einen Schlußstrich unter die teuren Entwicklungsarbeiten und stellt einen kom-

plett neuen Sattelschlepper-Typ vor, eine Rückkehr zu den guten alten bewährten Bauprinzipien. So wie es zum Commodore Unterflurwagen eine Zugmaschine mit stehendem Motor gab, so steht jetzt neben dem BS 16 L Unterflur-Fernverkehrswagen der BS 16 S Frontlenker-Sattelschlepper. Der 240 PS leistende Direkteinspritzer werkelt unter einem massigen Motorkasten in der Kabine und engt so die Bewegungsfreiheit des Fahrpersonals beträchtlich ein. Die Fernverkehrskabine im Lepoix-Design ist von den Außenmaßen identisch mit dem BS 16 Unterflurmodell, allein ein herausnehmbares Kühlergitter im Frontblech verändert das Aussehen.

Neben dieser Hochdachausführung mit zwei 1,90 m langen Schlafliegen gibt es auch die niedrigere und kürzere Ausführung "A".

Die Kunden können bei dem neuen BS 16 S wählen zwischen Blattfedern an beiden Achsen oder einer Ausstattung mit vorderen Blattfedern und einer hinteren Luftfederung mit vier zusätzlichen, lastabhängig gesteuerten Stoßdämpfern. Der stabil ausgelegte Rahmen kommt ohne zusätzliche Hilfsrahmen aus. Trilex-Felgen, 400 Liter-Tank, Hydrolenkung, Zweikreisbremsanlage und Federspeicher-Feststellbremse gehören zum serienmäßigen Lieferumfang. Besonders für den Einsatz mit Tankaufliegern bedeutsam ist das unterhalb der vorderen Stoßstange liegende Auspuffrohr.

Von oben nach unten: BS 19 S in Südafrika, BS 16 S mit Cobolt Silo-Auflieger und BS 22 in Export-Ausführung mit stehendem Motor

1969

Neue Kabinen und neue Ladermotoren

Der sog. "Leber-Plan" des damaligen Verkehrsministers umfaßt eine Reihe von Maßnahmen, die den Straßengütertransport zugunsten der defizitären Bundesbahn zurückschrauben sollen. Wieder kommt der bereits bekannte Slogan "Güter gehören auf die Bahn". So werden Container-Systeme oder Huckepack-Verkehre, bei denen Auflieger oder komplette Lastzüge auf die Schiene verladen werden, besonders favorisiert. In diesem Rahmen steht auch eine Änderung der StVZO von 1969, die für alle ab dem 1.1.1972 neu zugelassenen Lastwagen eine Mindestmotorleistung von 8 PS pro Tonne Gesamtgewicht fordert. Das neue, flexible Management bei Büssing kann schnell auf diese Herausforderung reagieren, denn im Stillen hat man schon an einer Aufladung des bestehenden Direkteinspritzertriebwerks gearbeitet.

Schon in den fünfziger Jahren hatte Büssing den für Schienenbusse vorgesehenen Motoren durch Aufladung mehr Leistung eingehaucht. Aus einem serienmäßig 135 PS starken U 9-Motor hatte man durch dieses Verfahren 150 PS herausgekitzelt. Im Lastwagenbereich scheute man sich jedoch vor dieser Maßnahme und ging zur Leistungssteigerung stets den Weg über eine Hubraumvergrößerung. Laderexperimente anderer Hersteller, u.a. bei dem jetzigen Partner MAN, haben zudem dem Ruf der Turbos nachhaltig geschadet, da deren Standfestigkeit sehr zu wünschen übrigließ.

Die 1965 präsentierten Büssing-Direkteinspritzermotoren sind jedoch von vornherein so reichlich dimensioniert und Kurbelgehäuse und Wellenlager so ausgelegt, daß sie sich auch für die stärkere Beanspruchung durch zusätzliche Aufladung eignen können. Aufmerksame Tester bemerken schon bei den ersten BS 16 L Unterflurmodellen von 1967, daß bei der Installation der neuen 240 PS-Maschinen genügend Platz unterhalb des Rahmens gelassen wurde, um einen Lader zu montieren.

Ein weiterer Grund für den Verzicht auf Hubraumvergrößerung liegt in dem Unterflurkonzept. Ein solchermaßen veränderter Motor würde zu schwer und zu lang

BS 16 L mit Aurepa-Anhänger und neuer Frontgestaltung im Dienst der Deutschen Bundesbahn

BS 16 L mit Kühlkoffer von WEKA, Wiedenbrück. Unten: Maßzeichnung BS 16 L Blatt-/Luftfederung (1971)

BS 16 L, BS 19 L

Motor	Typ U 11 D
	Unterflur-Direkteinspritzer-Diesel
Zylinder	6
Leistung PS	210
Max.Drehzahl U/min	2100
Hubraum ccm	11580
Bohrung mm	128
Hub mm	150
oder	
Motor	Typ U 12 D (U 12 DA)
	Unterflur-Direkeinspritzer-Diesel
Zylinder	6
Leistung PS	240
	mit Lader 280 o. 310 (ab 1971:320)
Max.Drehzahl U/min	2200
Hubraum ccm	12316
Bohrung mm	132
Hub mm	150
Getriebe	6-Gang-Allklauen
	(310/320 PS:9-Gang-Allklauen mit Gruppe od. 9-Gang-Synchron
Radstand mm	4800 o. 5250
Zul.Gesamtgewicht t	BS 16 L: 16,0
	BS 19 L: 19,0

und kaum noch unter dem Rahmen unterzubringen sein.

Anfangs hält sich Büssing bei der Aufladung der Sechszylinder-Maschine noch zurück und beschränkt sich mit 40 Mehr-PS gegenüber dem Sauger. 280 PS leistet demgemäß der U 12 DA getaufte Ladermotor. Die zunächst relativ "sanfte" Maßnahme ist eine Konzession an den Getriebebau. Denn momentan gibt es auf dem deutschen Markt noch kein für LKW geeignetes Aggregat, das das bullige Drehmoment von 120 mkg verdauen könnte. Das amerikanische Fuller-Getriebe ist jedoch nur in sehr begrenzten Stückzahlen lieferbar. Erst als das Fuller RT 909 Allklauen-Schaltgetriebe mit synchronisierter Gruppenschaltung und zwei Vorgelegewellen zur Verfügung steht, bietet Büssing serienmäßig den BS 16 L auch mit 310 PS-Aufladung. Dieses Getriebe besitzt neun Vorwärts- und zwei Rückwärts-Gangstufen. Als ZF endlich auch eine stärkere Einheit liefern kann, steht die 310 PS-Version ab 1971 auch mit dem Friedrichshafener Synchrongetriebe 5 S 110 GP mit acht Gängen und einem Kriechgang im Programm.

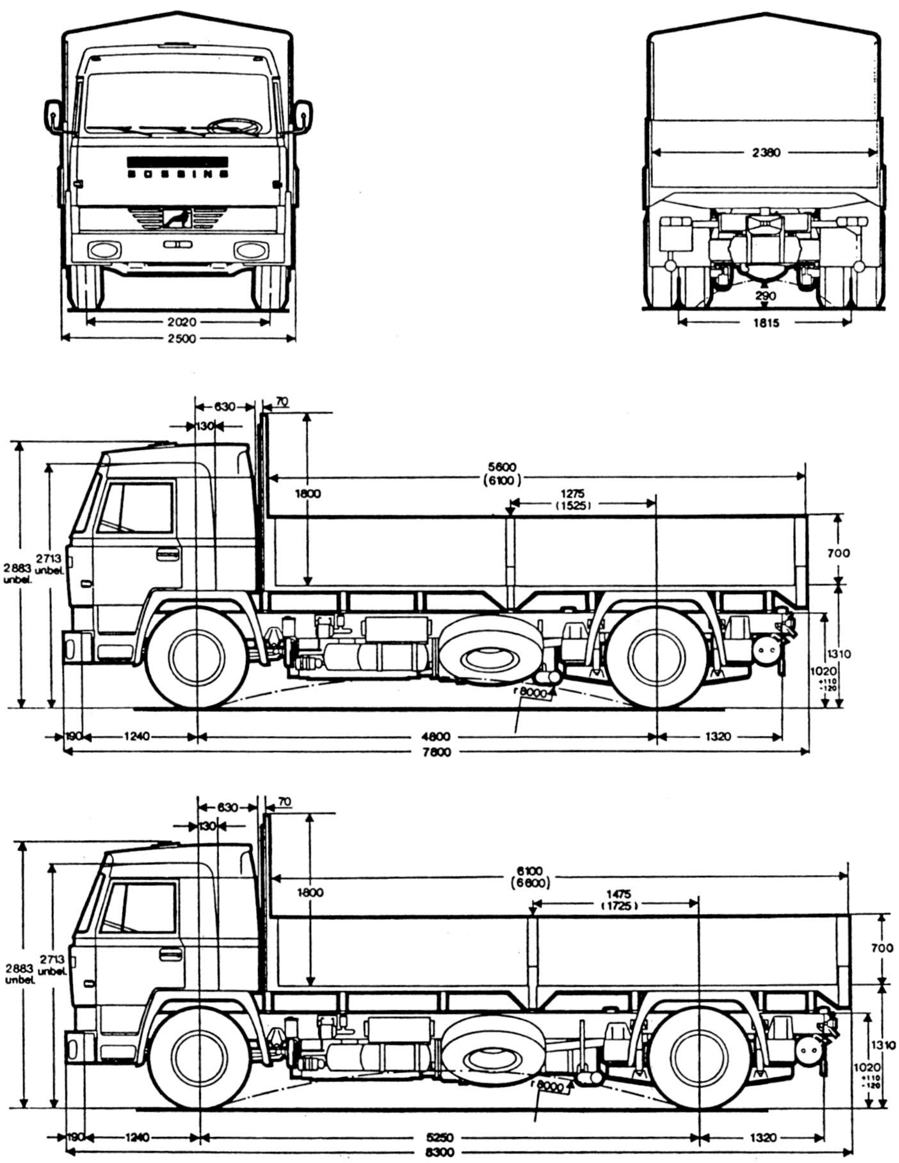

BS 16 L am ehemaligen DDR-Grenzkontrollpunkt in Helmstedt. Unten: BS 22 L mit kurzer Kabine und Silos von Cobolt

Ab 1970 gibt es dementsprechend die 16 Tonner-Baureihe in vier verschiedenen Leistungsvarianten, entweder mit den Saugmotoren U 11 D mit 210 PS oder U 12 D mit 240 PS oder, ausgestattet mit Abgas-Turboaufladung, mit dem wahlweise 280 oder 310 PS leistenden U 12 DA-Motor.

BS 22 L	
Motor	Typ U 12 D (U 12 DA)
	Unterflur-Direkteinspritzer-Diesel
Zylinder	6
Leistung PS	240
	(mit Lader 280 o. 310 (ab 1971:320))
Max.Drehzahl U/min	2200
Hubraum ccm	12316
Bohrung mm	132
Hub mm	150
Getriebe	6-Gang-Allklauen
	(310/320 PS:9-Gang-Allklauen mit Gruppe od. 9-Gang-Synchron)
Radstand mm	4800 + 1305
m.Blatt/Luft-Federung	4800 + 1300
Zul.Gesamtgewicht t	22,0

Gleiches gilt für die dreiachsige Baureihe BS 22 L, bei der allerdings die für 22 t Gesamtgewicht zu schwächliche 11 Liter-Maschine nicht angeboten wird. Ende 1971 wird die Leistung der stärksten Motor-Ausführung nochmals um 10 PS auf 320 PS angehoben. Für Exportmärkte bietet Büssing die Zweiachser auch mit einer 13 t-Hinterachse und entsprechenden 19 t Gesamtgewicht als BS 19 L an.

Der kleine Abgasturbolader von KKK ist am kupplungsseitigen Ende der Zylinderkopfreihe angebracht. Er führt durch Nutzung der Abgasenergie so viel zusätzliche Verbrennungsluft zu, daß der mittlere Druck in den Zylindern von 7,95 auf 10,3 kp/cm^2 steigt.

Zusammen mit den neuen Motoren kommen 1969 auch neue Fahrerhäuser. Sofort ins Auge fällt der Wegfall der traditionellen Büssing-Spinne. Die Markenzugehörigkeit zeigt jetzt ein groß dimensionierter, stilistisch modernisierter Burglöwe in einem Rechteck. Die

BS 16 UK von 1969 mit 240 PS

Blechfront unterhalb der Frontscheibe wirkt relativ nackt und wird nur unterbrochen durch einen Lüftungsstreifen und den Büssing-Schriftzug. Die neue Kabine empfängt den Fahrer mit popfarbenen Sitzbezügen und entsprechenden Vorhängen in der Fernverkehrsausführung. Damit kontrastiert das Armaturenbrett, das mit dunklem Kunstleder überzogen ist. Die geteilte Lenksäule endet in einem leicht geneigten Schüssellenkrad.

BS 16 UK

Motor	Typ U 12 D (U 12 DA) Unterflur-Direkteinspritzer-Diesel
Zylinder	6
Leistung PS	240 (mit Lader 280 o. 310)
Max.Drehzahl U/min	2200
Hubraum ccm	12316
Bohrung mm	132
Hub mm	150
Getriebe	6-Gang-Allklauen (310 PS: 9-Gang-Synchron)
Radstand mm	4550
Zul.Gesamtgewicht t	16,0

1969 gibt es endlich als Unterflurkipper den neuen BS 16 UK, der das entsprechende Modell aus der Commodore-Baureihe ersetzen kann. Der 1968 vorgestellte BS 19 K mit stehender 240 PS-Maschine ist aufgrund seiner Auslegung für 19 t Gesamtgewicht in der Regel nur als Exportmodell verwendbar. Anfangs gibt es den BS 16 UK nur mit dem frei saugend auf 240 PS eingestellten U 12 D-Motor. Erst 1971 gibt es wahlweise auch die aufgeladenen 280- und 310 PS-Versionen.

Die Vorgaben des Gesetzgebers führen häufig zu außergewöhnlichen Lösungen, oft unnötig komplizierten Konstruktionen, die nur dazu dienen, den Buchstaben des Gesetzes zu erfüllen, auch wenn man mit technisch einfacheren Konzeptionen den eigentlichen Zwecke - nämlich den Transport einer bestimmten Menge Güter von A nach B - oft viel sinnvoller bewerkstelligen könnte. So wie zum Ende der fünfziger Jahre der "Tatzelwurm" Mercedes LP 333 mit zwei gelenkten Vorderachsen entstand, müssen auch die Konstrukteure der ausgehenden sechziger Jahre zu dieser technischen Notlösung greifen, um eine gesetzlich zulässige Sattelschlepper-Kombination für den 38 t-Zug zu entwickeln. Die eigentlich optimale zweiachsige 19 t-Zugmaschine ist nicht gestattet, denn laut Gesetz darf die Antriebsachse nur 10 t aufnehmen und die Vorderachse 6 t. So setzen alle deutschen Hersteller, Magirus-Deutz ausgenommen, vor die Hinterachse eine zusätzliche Tragachse, die durch ihr eigenes Gewicht zwar die Nutzlast verringert, aber das mögliche Gesamtgewicht auf 20 t ansteigen läßt.

1969 präsentiert auch Büssing einen Sattelschlepper in dieser Konzeption. Der BS 20 S 2 wird zunächst nur mit dem 240 PS leistenden Saugmotor angeboten, der unter einer etwa 30 cm hohen Haube in das Kabineninnere hineinragt. Auch diese stehend ausgeführte Maschine wird ab Ende 1970 wahlweise in aufgeladener Ausführung geliefert. Mit 310 PS erfüllt der S 12 DA schon die 8 PS/t-Forderung für den 38 t-Zug, nicht aber mit der ebenfalls lieferbaren milden Aufladung und 280 PS. Zusammen mit der 310 PS-Version (ab 1971: 320 PS) bietet Büssing die neungängigen Allklauenschaltgetriebe von Fuller oder die synchronisierte Ausführung von ZF. Gegen Mehrpreis gibt es auch für die schwächeren Modelle ein Gruppengetriebe von ZF, das das Eigengewicht des Fahrzeugs um 80 kg erhöht.

BS 20 S 2 von 1969 mit Kässbohrer Silo-Auflieger

BS 20 S 2 in der Ausführung von 1970 mit aufgeladenem 310 PS-Motor. Unten: BS 20 S 2 von 1969 mit Vidal-Auflieger

BS 20 S 2

Motor	Typ S 12 D (S 12 DA) Direkteinspritzer- Diesel
Zylinder	6
Leistung PS	240 (mit Lader 280 o. 310)
Max.Drehzahl U/min	2200
Hubraum ccm	12316
Bohrung mm	132
Hub mm	150
Getriebe	6-Gang-Allklauen (310 PS: 9-Gang mit Gruppe oder 9-Gang-Synchron)
Radstand mm	2300 + 1300
Zul.Gesamtgewicht t	20,0 o. 19,0

Die zwei gelenkten Achsen - auch die vordere der beiden Hinterachsen ist lenkbar ausgeführt - machen den Sattelzug wendiger und verhindern eine zu starke Reifenabnutzung. Die Lenkachsen sind mit Parabel-Blattfedern und die Hinterachse mit Halbelliptikfedern ausgestattet. Trotz vier gesteuerter Räder läßt die Kugelmutter-Hydro-Lenkung die aufzubringenden Lenkkräfte nicht unzumutbar ansteigen.

Bei den ersten Versionen ist das Fahrerhaus aus der Lepoix-Reihe noch in vier Punkten am Rahmen befestigt und in Silentblöcken und Federbeinen gedämpft. Wahl-

BS 20 S 2 mit Koffer-Auflieger von Freudenau, Bielefeld. Unten: Maßzeichnung BS 20 S 2 mit Kippkabine (1971)

weise gibt es die kurze Kabine A oder die verlängerte und erhöhte Fernverkehrsausführung B.

Da die Zugängigkeit zu der Maschine so nicht Büssing-übliches Niveau erreicht, stattet das Werk die BS 20 S 2 ab 1970 mit einem neuen, um 62° kippbaren Fahrerhaus aus. Im Frontdesign haben auch die Frontlenker-Fahrerhäuser den Wechsel zum neuen Büssing-Logo mit dem stilisierten Löwen mitgemacht. So gibt es die zweiachsige Zugmaschine BS 16 S (für den Export mit 13 t-Hinterachse als BS 19 S) und den Frontlenker-Kipper BS 16 SK /BS 19 SK mit der neuen Kabinengestaltung. Während der Kipper nur mit dem 240 PS-Saugmotor unterhalb des feststehenden Kurz-Fahrerhauses ausgestattet wird, stehen für die

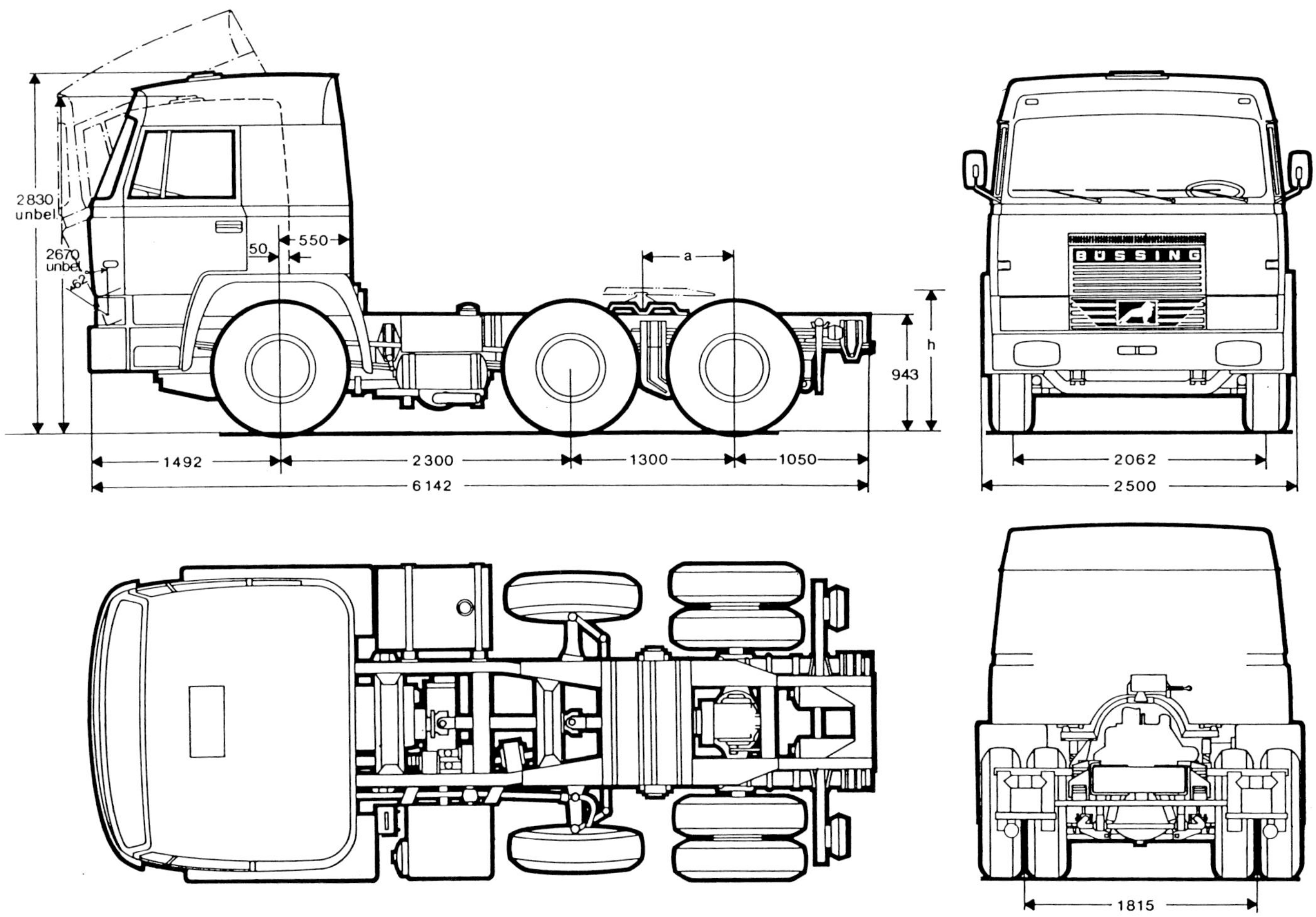

BS 16 S mit Spitzer Siloauflieger. Darunter: Kippfahrerhaus für BS 16 S. Ganz unten: BS 19 S in den Niederlanden

Sattelschlepper kurze und lange Ausführungen zur Verfügung, ab 1970 um 62° kippbar. Der potentielle Kunde kann wählen zwischen stehenden Maschinen mit 240, 280 und 310 PS.

BS 16 S , BS 19 S

Motor	Typ S 12 D (S 12 DA) Direkteinspritzer- Diesel
Zylinder	6
Leistung PS	240 (mit Lader 280 o. 310)
Max.Drehzahl U/min	2200
Hubraum ccm	12316
Bohrung mm	132
Hub mm	150
Getriebe	6-Gang-Allklauen (310 PS: 9-Gang mit Gruppe oder 9-Gang-Synchron)
Radstand mm	3400
Zul.Gesamtgewicht t	BS 16 S:16,0 BS 19 S:19,0

Unter Verwendung bestehender Komponenten erweitert Büssing 1969 das Bauprogramm um dreiachsige Frontlenker mit stehenden Motoren. Die BS 22 S Sattelzugmaschine ist ausgelegt für schwere Einsätze, vor allem im Baustellen-Lieferverkehr mit Kipper- oder Silo-Auflieger. Beide doppelt bereiften Hinterachsen sind angetrieben. Das Doppelachsaggregat mit getrennten Trag- und Triebachsen

BS 22 S	
Motor	Typ S 12 D (S 12 DA) Direkteinspritzer- Diesel
Zylinder	6
Leistung PS	240 (mit Lader 280 o. 310)
Max.Drehzahl U/min	2200
Hubraum ccm	12316
Bohrung mm	132
Hub mm	150
Getriebe	6-Gang-Allklauen (310 PS: 9-Gang mit Gruppe oder 9-Gang-Synchron)
Radstand mm	2600 + 1350
Zul.Gesamtgewicht t	22,0

BS 22 S Sattelschlepper (oben), BS 16 SK Kipper von 1969 (rechts) und Maßzeichnung BS 32 K mit 240 PS (unten)

BS 16 SK , BS 19 SK	
Motor	Typ S 12 D Direkteinspritzer- Diesel
Zylinder	6
Leistung PS	240
Max.Drehzahl U/min	2200
Hubraum ccm	12316
Bohrung mm	132
Hub mm	150
Getriebe	6-Gang-Allklauen
Radstand mm	3800
Zul.Gesamtgewicht t	BS16SK:16,0 BS19SK:19,0

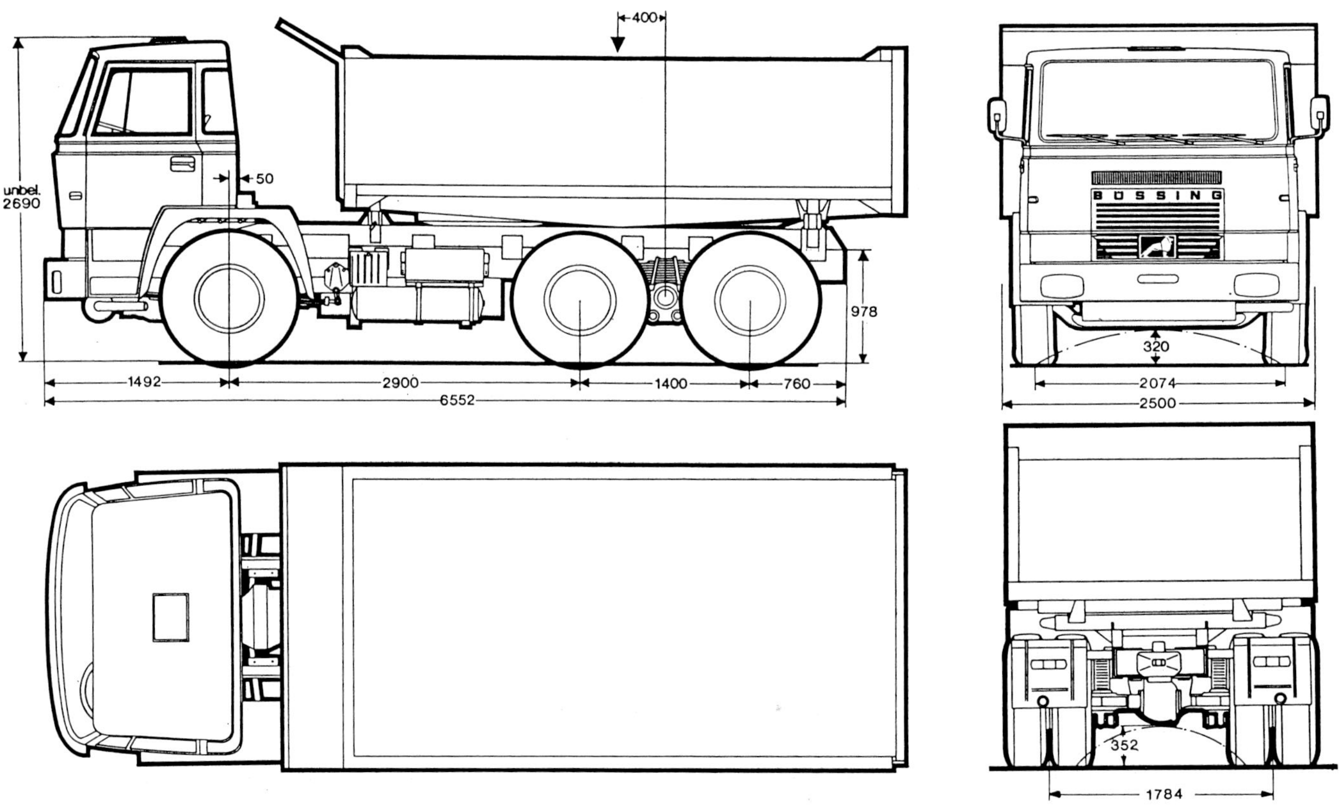

BS 22 K mit Reich Betonmischer. Unten: BS 32 K mit Feka-Kipper

BS 22 K, BS 26 K, BS 32 K

Motor	Typ S 12 D Direkteinspritzer- Diesel
Zylinder	6
Leistung PS	240
Max.Drehzahl U/min	2200
Hubraum ccm	12316
Bohrung mm	132
Hub mm	150
Getriebe	6-Gang-Allklauen
Radstand mm	BS22/26K: 2925+1350 BS32K: 2900+1400
Zul.Gesamtgewicht t	BS22K: 22,0 BS26K: 26,0 BS32K: 32,0

stammt als Zeichen der neuen Partnerschaft aus dem Hause MAN. Zwischen beiden Antriebsachsen ist ein sperrbares Differential angeordnet. Unter der Kippkabine arbeitet der 240 PS-Direkteinspritzer S 12 D, ab Ende 1970 auch aufgeladen mit 280 oder 310 PS. Ähnlich konzipiert, ebenfalls mit MAN-Doppelachse, steht der Dreiachskipper BS 22 K im Programm. Für das reine Solofahrzeug reicht der 240 PS leistende Saugmotor. Der bereits angekündigte 310 PS-Kipper fällt dem Ende der Marke zum Opfer. Für den überwiegenden Einsatz auf geschlossenen Baustellen bietet Büssing den für 26 t Gesamtgewicht vorgesehenen Typ BS 26 K in ansonsten gleicher technischer Konzeption. Das schwerste Kipper-Modell mit 32 t Gesamtgewicht ist der dreiachsige 240 PS-Typ BS 32 K. Für alle Kipper Standard ist die kurze Lepoix-Ganzstahlkabine.

BS 11 L, BS 12 L, BS 13L, BS 14L, BS 15 L (Modelle ab 1969)

Motor	Typ U 7 D
	Unterflur-Direkteinspritzer-Diesel
Zylinder	6
Leistung PS	135 o. 156
	BS 11 L: nur 135
Max.Drehzahl U/min	2400
Hubraum ccm	7416
Bohrung mm	108
Hub mm	135
Getriebe	6-Gang-Allklauen
Radstand mm	4000 o. 4300
	FSA-Fahrg. 5200
Zul.Gesamtgewicht t	(BS 11) 11,6
	(BS 12) 12,4
	(BS 13) 13,2
	(BS 14) 14,0
	(BS 15) 15,0

BS 12 L von 1969 mit langem Radstand

Ebenso wie bei den schwereren Unterflur-Typen wird auch die Front der mittleren Unterflur-Lastwagen 1969 optisch überarbeitet Aufgrund der tiefer liegenden Kabine prangt der neu gestaltete Büssing-Löwe jedoch auf der Mitte des Frontblechs. Die mittlere Baureihe wird in diesem Zusammenhang um eine Reihe weiterer Modelle mit unterschiedlichen Tonnagen und Motorisierungen ergänzt. Standardmaschine ist für die 11-15 Tonner jetzt der direkteingespritzte Sechszylinder-Diesel U 7 D. Wahlweise gibt es diesen mit 135 oder 156 PS. Der bisherige U 5-Motor mit 126 PS wird aus dem Programm gestrichen. Als leichtestes Fahrzeug mit 11,6 t Gesamtgewicht entfällt 1970 der nur mit 135 PS lieferbare Typ BS 11 L. Das mittelschwere Programm setzt sich fort mit den Typen BS 12 L (12,2 t), BS 13 L (13 t) und BS 14 L (14 t) mit wahlweise 135 oder 156 PS. Nur mit 156 PS lieferbar ist der 15 Tonner BS 15 L. Mit gleicher Typbezeichnung, aber dem höheren Haus der schwereren Lastwagen ausgestattet, gibt es den BS 15 L mit dem 210 PS leistenden Direkteinspritzer U 11 D. 1970 wird ein neuer Fünfzylinder-Unterflur-Diesel mit der Bezeichnung U 10 D entwickelt, der mit einer Leistung von 192 PS in den 13- bis 15-Tonnern als Alternative zu der 156 PS leistenden Sechszylinder-Maschine zum Einsatz kommt.

BS 15 L 15,6 t

Motor	Typ U 11 D
	Unterflur-Direkteinspritzer-Diesel
Zylinder	6
Leistung PS	210
Max.Drehzahl U/min	2100
Hubraum ccm	11580
Bohrung mm	128
Hub mm	150
Getriebe	6-Gang-Allklauen
Radstand mm	4800
Zul.Gesamtgewicht t	15,6

Der neue Motor entstand kostengünstig durch Überarbeitung des bisherigen U 11 D, der aus sechs Zylindern 210 PS herausholte. Die Maße der Einzelzylinder sind geblieben, während sich durch den einen fehlenden Zylinder der Gesamthubraum auf 9650 ccm verringert. Die Abstammung zeigt auch die Verwendung von zwei paarweisen Zylinderköpfen und einem Einzelkopf.

Mit gerade durchlaufendem genieteten und geschraubten Leiterrahmen, über den keine Ausbuchtungen oder Antriebskomponenten nach oben herausragen, bietet Büssing das Fahrgestell FSA (11-15 t Gesamtgewicht) für Spezialaufbauten aller Art an. Zusätzlich zu dem Langfahrgestell mit dem kurzen Ganzstahlfahrerhaus gibt es gegen Mehrpreis ein Fahrerhaus B mit zwei Schlafliegen oder das besonders von Möbelspeditionen geschätzte verlängerte Fahrerhaus B mit einer zweiten Sitzbank für vier Personen im Fond.

BS 15 L 15,6 t mit 250 PS-Diesel

1971

Das Ende der Marke Büssing

Am 19.3.1971 stimmt der Aufsichtsrat der Salzgitter AG der Änderung der Eigentumsverhältnisse bei Büssing zu. Die zum Gutehoffnungshütte-Konzern gehörende Firma MAN hat damit die Mehrheit des Grundkapitals der Büssing Automobilwerke AG übernommen. Nach einer Übergangszeit geht das gesamte Aktienkapital an GHH/MAN über. Mit sofortiger Wirkung jedoch übernimmt MAN die Verantwortung für die Unternehmensleitung der Werke in Salzgitter-Watenstedt und Braunschweig-Querum. Damit hat die traditionsreiche Marke Büssing endgültig aufgehört, als selbständiges Unternehmen zu existieren.

MAN-Büssing 12.192 U, 13.192 U, 14.192 U, 15.192 U

Motor	Typ U 10 D
	Unterflur-Direkteinspritzer-Diesel
Zylinder	6
Leistung PS	192
Max.Drehzahl U/min	2200
Hubraum ccm	9650
Bohrung mm	128
Hub mm	150
Getriebe	6-Gang-Allklauen
Radstand mm	4300
	Fahrg. 5200
Zul.Gesamtgewicht t	
12.192 U:	12,4
13.192 U:	13,2
14.192 U:	14,0
15.192 U:	15,0

Fortan prangen an den Fahrzeugfronten die großen Buchstaben MAN. Noch eine Weile erscheint der in kleineren Lettern ausgeführte Zusatz Büssing auf den weiter-

MAN-Büssing mit 192 PS-Diesel

gebauten Unterflur-Modellen. Bis heute wird als einziges Zeichen der Braunschweiger Tradition der Kraft und Zuverlässigkeit symbolisierende Büssing-Löwe im MAN-Markenzeichen mitgeführt, doch auch die Tage des einmal zukunftsweisenden Unterflurkonzepts sind gezählt. MAN fuhrt es zwar für treue Kunden bis 1994 weiter, doch die Erfüllung der schärfer werdenden Abgasnormen würde zu hohe Entwicklungskosten verursachen für einen Motor, der in geringen Stückzahlen nur in einer bestimmten Baureihe verwendet werden könnte und nicht so universal, wie es heutige durchrationalisierte Baukastenserien erfordern.

Noch einige Jahre haben die Werke in Salzgitter und Braunschweig damit zu tun, vorhandene Aufträge abzuarbeiten. Bis 1973 führt MAN noch 3403 Fahrzeuge aus der Büssing-Übernahme in ihren Verkaufsstatistiken. Unter dem neuen Markennamen "MAN-Büssing" wird darüber hinaus noch ein stark durchgeforstetes Programm von Unterflurmodellen angeboten,

MAN-Büssing 16.320 U mit 320 PS

die durch ihr völlig anderes Konzept den Produkten aus dem Münchener Haus keine Konkurrenz machen können, vielmehr die Palette von MAN erweitern.

MAN-Büssing 16.320 U / UL / UK

Motor	Typ U 12 DA
	Unterflur-Direkteinspritzer-Diesel mit Abgasturbolader
Zylinder	6
Leistung PS	320
Max.Drehzahl U/min	2200
Hubraum ccm	12316
Bohrung mm	132
Hub mm	150
Getriebe	9-Gang-Synchron
Radstand mm	4800 o. 5250
16.320 UK:	4550
Zul.Gesamtgewicht t	16,0

Die bisherigen mittelschweren BS 12 bis BS 15 erhalten dabei die bei MAN übliche Typbezeichnung, aus der Gesamtgewicht und Motorleistung abzulesen sind. Es wird jedoch nur noch eine einzige Motorisierungsmöglichkeit angeboten, und zwar der zuletzt entwickelte Fünfzylinder-Diesel U 10 D mit 192 PS. Dementsprechend heißen

MAN-Büssing 15.191 U als Paketwagen der Deutschen Bundespost (Aufbau: Spier)

die Lastwagen 12.192 U, 13.192 U und 15.192 U. Der 14 Tonner 14.192 U erscheint nur noch 1971 im Angebot. Bis 1978 wird die Baureihe unter Verwendung von zunehmend mehr MAN-Bauteilen weitergeführt, am Ende vor allem für den Großkunden Bundespost, der vorzugsweise Paket-Kofferwagen auf den glattflächigen Leiterrahmen montieren läßt. Eine 1972 präsentierte Erweiterung in der

MAN-Büssing 22.320 UNL (Aufbau: Blumhardt, Wuppertal)

mittleren Klasse durch den neuen Typ 11.136 U mit dem Lepoix-Fahrerhaus bleibt im Prototypenstadium stecken. Es wäre ansonsten eine unangenehme Konkurrenz für das Leichtlastwagen-Kooperationsprojekt mit der französischen Firma Saviem gewesen.

Bei den schweren Straßenfahrzeugen überlebt das Unterflurmodell BS 16. Bis 1973 wird es noch als MAN-Büssing 16.320 U mit dem Lepoix-Fahrerhaus geliefert, bis 1977 mit der MAN-typischen Frontlenkerkabine F 8, auf deren Front der Name MAN-Büssing prangt. Einzige Motorisierung ist der aufgeladene Sechszylinder-Diesel U 12 DA mit 320 PS, der mit gleichen Zylinderdimensionen als MAN-Motortyp D 3256 BTXUL weiterlebt. 2991 Exemplare dieses Fahrzeugmodells werden noch verkauft, davon 530 mit der Büssing-Kabine. Mit Luftfederung gibt es den 16.320 UL bis 1976 und bis 1974 den Kipper 16.320 UK. Auch bei den Dreiachsern wird die Büssingsche Unterflur-Tradition weitergeführt mit dem MAN-Büssing 22.320 UNL mit Luftfederung und Nachlaufachse. Es sind jedoch nur noch 98 Stück, die die Lepoix-Kabine erhalten.

MAN-Büssing 26.240 DFK Absetzkipper

MAN-Büssing 20.320 FVS mit Zementsilo-Auflieger von Spitzer, Mosbach

MAN-Büssing 22.240 DFS 6x4

MAN-MANAS 26.281 DFAE 6x6 mit kurzer Kippkabine für das türkische Militär. Unten: MAN 26.281 DFS aus türkischer Produktion mit Kippkabine und 280 PS starkem MAN-Diesel Typ D 2566 MKF

Mit größeren Erfolg läuft die Reihe bis 1978 mit MAN-Kabine weiter. Da bei den Sattelschleppern auch bei Büssing stehende Motoren unter kippbaren Fahrerhäusern die Regel waren, werden zwar noch bis 1972 111 Exemplare des luftgefederten MAN-Büssing 16.320 FLS gefertigt. Dann wird aber die Baureihe zugunsten der MAN-eigenen Zugmaschinen eingestellt. Es werden zwar auch Prospekte für den "Tatzelwurm"-Nachfolger MAN-Büssing 20.320 FVS mit zwei gelenkten Achsen herausgegeben, doch nur sehr geringe Stückzahlen werden abgesetzt. Auch der Dreiachser 26.240 DFK mit 240 PS starkem, stehendem S 12 D-Motor findet 1971 nur noch insgesamt 12 Käufer und wird daher zugunsten von MAN-Modellen aus dem Programm genommen.Das mit viel Euphorie präsentierte, modern aussehende Lepoix-Haus wird im Rahmen der einheitlichen MAN-Identität in Deutschland auf allen Baureihen durch die kubische MAN-Kabine ersetzt. Ein weiteres langes Leben ist dem noch heute zeitgemäß wirkenden Design jedoch in der Türkei beschert.

Dort verwendet die MAN-Tochter M.A.N. Kamyon ve Otobüs Sanayi A.S. aus Istanbul bis heute die Kippkabine für ihre eigengefertigten Frontlenker-Modelle mit im Fahrerhaus stehenden MAN-Motoren. Es gibt dabei die kurze Ausfuhrung mit niedrigem Dach und - wie auch bei Büssing üblich gewesen - die verlängerte Fernverkehrsversion mit erhöhtem Dach. Selbst ein dreiachsiger Allradwagen für die türkische Armee ist mit der ehemaligen Büssing-Kabine ausgestattet.

Büssing- und Büssing-NAG-Lastwagenmotoren

Otto-Motoren, Viertakt

Typ	Zylinderzahl	Leistung PS	Bohrung mm	Hub mm	Hubraum ccm	Drehzahl U/min	Verdichtung 1:
A 3 K	4	40	110	150	5700	850	5
A 4 K	4	45	115	150	6232	850	5
A 6	4	52	115	150	6232	1000	5,6
B 2 K	4	55	125	160	7854	850	5
B 3 K	4	55	125	160	7854	850	5
B 4 K	4	66	125	160	7854	1000	5,6
C 3	6	72/ 76	110	150	8553	1000/ 1200	5,6
C 4	6	80/ 85	115	150	9350	1000/ 1200	5
D 2	6	100/ 110	125	160	11780	1000/ 1200	5,6
Z	4	50	90	125	3183	2700	5,2
G	4	65	98	130	3922	2700	5,2
L	6	70/ 75	84	120	3962	3000	5,5
L 2 Verg.	6	75/ 80	84	120	3962	3000	5,5
L 8 V	8	150	107	110	7913	2800	5,25

Diesel-Motoren, Viertakt

Typ	Zylinderzahl	Leistung PS	Bohrung mm	Hub mm	Hubraum ccm	Drehzahl U/min	Verdichtung 1:
S 10/ U 10	6	150	118	150	9842	2000	21
S 13/ U 13	6	180	130	170	13539	1600	19,5
U 15	6	200	135	175	15025	1600	19,5
S 5/ U 5	6	100/ 110	96	125	5429	2600	21
U 5/125	6	110/ 126	100	125	5890	2400/ 2800	21
S 7/ U 7	6	130	105	130	6750	2400	21
S / U 7/145	6	145	106	135	7148	2500	21
S/ U 7/150	6	132/ 150	108	135	7416	2500	21
S 11/ U 11	6	170	122	155	10870	2000	21
S/ U 11/200	6	170/ 180	125	155	11413	2000	21
S/ U 11/200	6	192/ 200	125	155	11413	2100	21

Diesel-Motoren, Viertakt

Typ	Zylinderzahl	Leistung PS	Bohrung mm	Hub mm	Hubraum ccm	Drehzahl U/min	Verdichtung 1:
LD 3	4	45/ 48	110	130	3706	2000	17,5
LD 4	4	60/ 65	110	130	4942	2000	17,5
LD 5	5	75/ 80	110	130	6177	2000	17,5
LD 6	6	90/ 95	110	130	7412	2000	17,5
GD 4	4	80/ 85	130	170	9026	1500	17
FD 6	6	120	125	170	12517	1500	17
GD 6	6	150	130	170	13539	1500	17
ZD 4	4	55	92	125	3322	2400	18,5
DMD 6	6	170	135	170	14600	1600	17,5
LD	6	105	110	130	7413	1800	18,5
U 14	6	155	135	160	13741	1550	17,2
U 9	6	135	115	140	8725	2000	19,5
LDX/ S 8	6	120	110	140	7983	1800	21
GD	6	150	130	170	13539	1500	18
HWA 526 D	6	80	105	120	6234	2400	15

Diesel-Motoren, Viertakt, Direkteinspritzer

Typ	Zylinderzahl	Leistung PS	Bohrung mm	Hub mm	Hubraum ccm	Drehzahl U/min	Verdichtung 1:
S 7 D/ U 7 D	6	135/ 156/ 150	108	135	7416	2400	17
S 11 D/ U 11 D	6	185/ 192/ 210	128	150	11580	2100	17
S 12 D/ U 12 D	6	240	132	150	12316	2200	17
S12DA/ U12DA	6	280/ 310/ 320	132	150	12316	2200	17
U 10 D	6	192	128	150	9650	2200	17

Bildquellen

Ich danke den folgenden Firmen und Privatpersonen, die für dieses Buch Bilder zur Verfügung stellten (die Ziffern geben die Seiten und die Plazierung an; o=oben, u=unten, m=Mitte):

Fa. Ackermann, Kerpen - 76o, 104u,107o, 111u, 112o, 113o, 131o, 139m, 141o, 146m, 151o, 155u, 156u, 159o, 159u, 165u, 167o, 174o, 178u, 179o, 181m, 184m, 185u, 218o
Archiv Bastin, Voorburg/NL - 8u, 25o, 56o, 81u, 82o, 90o, 101o, 102o, 113o, 124o, 139u, 141m, 154m, 154u, 199o, 215o, 224m, 227u, 236u
Fa. P.Bauer/Zeppelin, Kln - 38o, 67o
Archiv Benter, Bad Pyrmont - 11o, 13u, 15o, 16o, 17m, 17u, 18u, 19o, 24m, 27o, 28u, 37u, 49u, 68u, 87o, 90u, 118m, 118u, 120m, 120u, 122u, 128m, 128o, 132o, 134o, 134u, 142o, 150o, 151u, 164u, 190u, 195o, 195u, 200m, 201o, 202u, 205o, 207u, 212o, 214o, 222o, 225u, 227o, 229o
Fa. Blumhardt, Wuppertal - 194m, 236o
Herr Böttcher, Krefeld - 98m, 175o, 180u, 202o, 208u, 215u
Archiv Brennecke, Hannover - 29u, 116o
Archiv Buscher, Moers - 25m, 28o, 39u, 48m, 50u, 50o, 57o, 58o, 86o, 90m, 92o, 98o, 103m, 104m, 105o, 110u, 110m, 112u, 116m, 120o, 131m
Fa. Clerck, Wuppertal - 214m
Archiv Davidse, Warnsveld/NL - 23o, 27u, 36u, 70m, 94o, 108o, 140o, 193o
Herr Delius, Bielefeld - 220o
Fa. Ewers, Meschede - 131u, 158o
Fa. Feka, Kassel - 219u, 233u
Fa. Freudenau, Bielefeld - 230o
Herr Fries, Engelskirchen - 34o
Fuhrpark Bochum - 32m
Fa. Haller, Stuttgart - 76m, 168u, 171m, 179m
Fa. Kässbohrer, Ulm - 54u, 81o, 106o, 119u, 140m, 144u, 145o, 146u, 191u, 196o
Fa. Kiffe, Münster - 103u, 177o, 189o
Herr Kohorst, Senden 192o
Herr Lietze, Hagen - 83u, 94u, 175u, 191o, 194u, 199u
Fa. MAN (Hist.Archiv), Mnchen - 9u, 9o, 10u, 12o, 12u, 13o, 14m, 15u, 17o, 20o, 21o, 22o, 30u, 31o, 31u, 32o, 34u, 38u, 41u, 42u, 44m, 44u, 45o, 45u, 46u, 47u, 47o, 49o, 51o, 51u, 52o, 53u, 55u, 55o, 57u, 59m, 59u, 60o, 60u, 62o, 62u, 63o, 63u, 64o, 65o, 65u, 66o, 67u, 68o, 69o, 69u, 71o, 71u, 72o, 72u, 73o, 73u, 74o, 74u, 75o, 75u, 76u, 77o, 77u, 78o, 78u, 79o, 79u, 80o, 80m, 80u, 82m, 82u, 83o, 84o, 84u, 85o, 85u, 86m, 87u, 89o, 89u, 91o, 91u, 92u, 93o, 95o, 95u, 96u, 97o, 97u, 98u, 99o, 99u, 100o, 101u, 104o, 107u, 109o, 109u, 111o, 114u, 115o, 115u, 116u, 119o, 121o, 122o, 123o, 123u, 124u, 125o, 126o, 126u, 127o, 127u, 129o, 130m, 132m, 132u, 133o, 135o, 136o, 138o, 140u, 143o, 144o, 146o, 147o, 149o, 150m, 155m, 155o, 161o, 161u, 163u, 165o, 166m, 166o, 168o, 169o, 169u, 170u, 171o, 172o, 173m, 176o, 177u, 178o, 178m, 179m, 181o, 183o, 183u, 184o, 186o, 188o, 190o, 193u, 199o, 199m, 200o, 201u, 202m, 203o, 204u, 206u, 206o, 209u, 213u, 216u, 217o, 219o, 222u, 223u, 228u, 229u, 232m, 232o, 233o, 234o, 234u
Fa. Meiller, München - 29o, 33u, 34m, 93u
Fa. Metz, Karlsruhe - 66u, 70o, 70u, 103o, 110o
Fa. Moldenhauer, Recklinghausen - 102u
Fa. Niermann, Bad Bentheim - 153o
Herr Pairan, Neunkirchen - 37o, 117u, 159m, 162o, 172m,179u, 184u, 204o, 208m
Fa. Schmitz, Horstmar - 113m, 113u, 137o, 150u, 152u, 196u, 198u, 221o, 223o
Fa. Schölch, Kassel - 118o, 154o, 188o, 220m
Fa. Schörling, Hannover - 33o, 100u, 200u
Herr Schubert, Nürnberg - 35o
Herr Slüter, Recklinghausen - 192m
Fa. Spitzer, Mosbach - 81m, 136u, 157u, 173u, 196m, 197o, 197u, 198o, 231u, 237o
Herr Sundermeyer, Duisburg - 185o
Fa. T+A Schwietert, Beckum -137u, 170o
Fa. Teha, Düsseldorf - 82m
Fa. Thiele, Bremen - 46m, 59o, 214u
Archiv v.d. Bosch, Nieuwegein/NL - 130o, 136m, 183m
Herr Vöcking, Ahaus - 56m, 56u, 117o, 128u, 221u
Fa. Warnecke, Laatzen - 181u, 191m,198m
Fa. WEKA, Wiedenbrück - 226o
Herr Werner, Düsseldorf - 211o
Herr Wildraut, Gelsenkirchen - 96o, 219m, 235u, 235o, 237m
Fa. Zieren, Dortmund - 125u

Literatur

Bei der Zusammenstellung dieses Buches wurden verwendet:

Bücher

Automobilwerke H. Büssing AG (Hrsg.), Heinrich Büssing und sein Werk, Braunschweig 1928
Büssing Nutzkraftwagen (Hrsg.), Der 10000. Nachkriegswagen rollt vom Band, Braunschweig 1950
Frank, Reinhard, Lastkraftwagen der Wehrmacht, Friedberg 1992
Gebhardt, Wolfgang H., Taschenbuch Deutscher Lkw-Bau 1896-1918, Stuttgart 1989
Gebhardt, Wolfgang H., Taschenbuch Deutscher Lkw-Bau 1918-1945 Band 2a, Stuttgart 1989
Gebhardt, Wolfgang H., Taschenbuch Deutscher Lkw-Bau 1945-1989 Band 3a, Stuttgart 1990
Graf von Seherr-Thoss, H.C., Die deutsche Automobil-Industrie, Stuttgart (2) 1979
Kahlert, Volkmar R., Heinrich Büssing – Signatur eines Unternehmers, München 1991
MAN Nutzfahrzeuge (Hrsg.), H. Büssing: Mensch - Werk - Erbe, Göttingen 1986
Oswald, Werner, Kraftfahrzeuge und Panzer der Reichswehr, Wehrmacht und Bundeswehr, Stuttgart (11) 1982
Oswald, Werner, Lastwagen-Lieferwagen-Transporter 1945-1988, Stuttgart 1989
Schmidt, Steve St. (Hrsg.), Nutzfahrzeuge aus Braunschweig, Berlin 1993
Windecker, Carl Otto, Handbuch der Kfz-Typen, Hannover 1948
Autotypenbuch, Typentafeln der deutschen Kraftfahrzeug-Industrie, Berlin (verschiedene Jahrgänge)
VDA-Typenbltter, Frankfurt (1954-70)
Brekina Autoheft, Umkirch (verschiedene Jahrgänge)
100 Lastwagen (Motor-Katalog), München (verschiedene Jahrgänge)
Automodelle Katalog, Stuttgart (bis 1970)
Lastauto Omnibus Katalog, Stuttgart (ab 1971)
Internationaler Nutzfahrzeug-Katalog, Solothurn (verschiedene Jahrgänge)

Werkszeitschriften

Büssing-NAG in aller Welt, Braunschweig
Der Mitarbeiter, Braunschweig
Büssing im Bild, Braunschweig
Büssing-Informationen für die Vertriebsorganisation, Salzgitter
MAN-Diesel, München

Zeitschriften

Allgemeine Automobil-Zeitung, Berlin
Der Auto-Markt, Coburg
Automobiltechnische Zeitschrift, Stuttgart
Auto, Motor und Zubehör, Coburg
Auto- und Motorrad-Zeitschrift, Coburg
Der gewerbliche Kraftverkehr, Berlin
Deutsche Kraftfahrt, Hannover
Historischer Kraftverkehr/Elefant, Köln
Last & Kraft, Berlin
Das Last-Auto, Pößneck/ Coburg
Last-Auto und Omnibus, Stuttgart
Motor-Kritik, Frankfurt
Motor-Rundschau, Stuttgart/Frankfurt
Neue Kraftfahrer-Zeitung, Stuttgart
Neues Kraftfahrzeug-Fachblatt, Berlin
Das Nutzfahrzeug, München
Verkehrs-Rundschau, München
Der Wagen- und Karosseriebau, Stuttgart
Die Wagen- und Karosseriebau-Technik, Bielefeld
Wistü Kraftfahrzeug-Anzeiger, Krefeld

Inhalt